人类发展的空间

海洋环境

HAIYANG HUANJING

鲍新华　张　戈　李方正◎编写

吉林出版集团股份有限公司

全国百佳图书出版单位

图书在版编目（CIP）数据

人类发展的空间——海洋环境 / 鲍新华，张戈，李方正

编写. -- 长春：吉林出版集团股份有限公司，2013.6（2023.5重印）

（美好未来丛书）

ISBN 978-7-5463-4931-2

Ⅰ．①人… Ⅱ．①鲍… ②张… ③李… Ⅲ．①海洋环

境－青年读物②海洋环境－少年读物 Ⅳ．①X21-49

中国版本图书馆CIP数据核字(2013)第123447号

人类发展的空间——海洋环境
RENLEI FAZHAN DE KONGJIAN HAIYANG HUANJING

编　　写	鲍新华　张　戈　李方正	
责任编辑	宋巧玲	
封面设计	隋　超	
开　　本	710mm×1000mm　　1/16	
字　　数	105千	
印　　张	8	
版　　次	2013年 8月　第1版	
印　　次	2023年 5月　第5次印刷	

出　　版	吉林出版集团股份有限公司
发　　行	吉林出版集团股份有限公司
地　　址	长春市福祉大路5788号
	邮编：130000
电　　话	0431-81629968
邮　　箱	11915286@qq.com
印　　刷	三河市金兆印刷装订有限公司

书　　号	ISBN 978-7-5463-4931-2
定　　价	39.80元

前　言

　　环境是指围绕着某一事物（通常称其为主体）并对该事物产生某些影响的所有外界事物（通常称其为客体）。它既包括空气、土地、水、动物、植物等物质因素，也包括观念、行为准则、制度等非物质因素；既包括自然因素，也包括社会因素；既包括生命体形式，也包括非生命体形式。

　　地球环境便是包括人类生活和生物栖息繁衍的所有区域，它不仅为地球上的生命提供发展所需的资源与空间，还承受着人类肆意的改造与冲击。

　　环境中的各种自然资源（如矿产、森林、淡水等）不仅构成了赏心悦目的自然风景，而且是人类赖以生存、不可缺少的重要部分。空气、水、土壤并称为地球环境的三大生命要素，它们既是自然资源的基本组成，也是生命得以延续的基础。然而，随着科学技术及工业的飞速发展，人类向周围环境索取得越来越多，对环境产生的影响也越来越严重。人类对各种资源的大量掠夺和各种污染物的任意排放，无疑都对环境产生了众多不可逆的伤害。

　　人类活动对整个环境的影响是综合性的，而环境系统也从各个方面反作用于人类，其效应也是综合性的。正如恩格斯所说："我们不要过分陶醉于我们对自然界的胜利。对于每一次这样的胜利，自然界都报复了我们。"于是，各种环境问题相继产生。全球变暖导致的海平面上升，直接威胁着沿海的国家和地区；臭氧层的空洞，使皮肤病等疾病的发病率大大提高；对石油无节制的需求，在使环境质量受到严重考验的同时，不禁令我们担心子孙后辈是否还有能源可用；过度的捕鱼已超过了海洋的天然补给能力，很多鱼类的数量正在锐减，甚至到了灭绝的边缘，而其他动植物也正面临着同样的命运；越来越多的核废料在处理上遇到困难，由于其本身就具有可能泄漏的危险，所以无论将其运到哪里，都不可避免地给环境造成污染。厄尔尼诺现象的出现、土地荒漠化和盐渍化、大片森林绿地的消失、大量物种的灭绝等现象无一不警示人们，地球环境已经处于一种亚健康的状态。

放眼世界，自20世纪六七十年代以来，环境保护这个重大的社会问题已引起国际社会的广泛关注。1972年6月，来自113个国家的政府代表和民间人士，参加了联合国在斯德哥尔摩召开的人类环境会议，对世界环境及全球环境的保护策略等问题进行了研讨。同年10月，第27届联合国大会通过决议，将6月5日定为"世界环境日"。就中国而言，环境问题是中国人民21世纪面临的最严峻的挑战之一，保护环境势在必行。

本套书籍从大气环境、水环境、海洋环境、地球环境、地质环境、生态环境、生物环境、聚落环境及宇宙环境等方面，在分别介绍各环境的组成、特性以及特殊现象的同时，阐述其存在的环境问题，并针对个别问题提出解决策略与方案，意在揭示人与环境之间的密切关系，人与环境之间互动的连锁反应，警醒人类重视环境问题，呼吁人们保护我们赖以生存的环境，共创美好未来。

编者

2013年7月

目 录
MU LU

01 蓝色大水球

第一个看到地球整体模样的人是宇航员加加林。1961年4月12日，宇宙飞船"东方号"，载着人类第一位宇航员加加林，从拜克努尔宇宙发射场出发，开始了人类第一次宇宙航行。加加林在太空回望故乡——地球的时候，发现地球四周围绕着一层淡蓝色的光，就像镀着蓝色的金属茶盘挂在太空中。他不禁惊叹道："多美啊！看哪，地球是蓝色的！"

地球表面被各大陆地分割但彼此相通的广大水域就是海洋。根据卫星发回的资料分析，地球表面的总面积有5.1亿平方千米，其中陆地面积只有1.49亿平方千米，占地球面积的29.2%；而海洋面积则为3.61亿平方千米，占地球面积的70.8%。地球上海洋、陆地面积之比，大约是7：3，也就是说，海洋面积相当于陆地面积的2.42倍，故有人将地球称为"大水球"。

那么，海水究竟有多少呢？有人估计过，全世界海洋里的总水量有13.7亿立方千米。地球5个主要的大洋为太平洋、大西洋、印度洋、北冰洋、南冰洋。到目前为止，人类已探索的海底只有5%，还有95%是未知的。

海洋环境是一个非常复杂的系统，包括海水、溶解和悬浮于水中的物质、海底沉积物，以及生活于海洋中的生物。人类并不生活在海洋里，但海洋却是人类消费和生产所不可缺少的物质和能量的源泉。

▲ 地球是个蓝色大水球

① 宇航员

　　宇航员又称航天员，指以太空飞行为职业或进行过太空飞行的人。世界上第一名宇航员是苏联的尤里·加加林，他在1961年4月乘坐"东方—1号"进入太空。第一位女性宇航员是瓦伦蒂娜·特雷斯科娃，她在1963年6月乘坐"东方—6号"进入太空。

② 人造卫星

　　人造卫星是人造地球卫星的简称，是指环绕地球飞行并在空间轨道运行一圈以上的无人航天器。它是发射数量最多、发展最快并且用途最广的航天器。按其在轨道上的功能可分为观测站、中继站、基准站和轨道武器四类。

③ 地球

　　地球是太阳系从内到外的第三颗行星，也是太阳系中直径、质量和密度最大的类地行星。地球是一个蓝色星球，有大气层和磁场。地球约有46亿岁，它是目前人类所知宇宙中唯一存在生命的天体。

02 海洋的形成

▲ 海洋

在大约45亿年前，地球处于一个大动荡、大改组的时期，地震与火山爆发频繁发生。后来，地球内部逐渐稳定，地壳逐渐冷却定型，此时的地球就像一个久放而风干了的苹果，表面凹凸不平，高山、平原、河床、海盆，各种地形一应俱全。

在很长的一段时期内，天空中的水汽与大气共存于一体，浓云密布，天昏地暗。而随着地壳的逐渐冷却，大气的温度也慢慢降低，水汽以尘埃与火山灰为凝结核，变成水滴，越积越多。由于冷热不均，空气对流现象剧烈，形成雷电狂风和暴雨浊流。雨越下越大，并且一直下了很久很久。滔滔的洪水通过千川万壑，最后汇集成巨大的水体，这就是原始的海洋。

原始海洋就规模而言，远没有现代海洋那么大。据估算，它的水量大约只有现代海洋的10%。后来，由于贮藏在地球内部的结构水的加入，才形成了蔚为壮观的现代海洋。原始海洋的海水并不是咸的，而是略带酸性，并且缺氧。现代海洋中的无机盐，主要是通过自然界周而复始的水循环由陆地进入海洋而逐渐增加的。经过亿万年的汇集融合，形成了今天大体均匀的咸水。

① 地壳 ●

在地理上，地壳是指由岩石组成的固体外壳，地球固体圈层的最外层，岩石圈的重要组成部分，可以用化学方法将它与地幔区别开来。整个地壳平均厚度约17千米，其中大陆地壳厚度较大，平均约为33千米；高山、高原地区地壳更厚，最高可达70千米；平原、盆地地壳相对较薄。

② 海盆 ●

在海洋的底部有许多低平的地带，周围是相对高一些的海底山脉，这种类似陆地上盆地的构造叫作海盆，也叫洋盆。海盆是大洋底的主体部分。

③ 无机盐 ●

无机盐是存在于体内和食物中的矿物质营养素，细胞中大多数无机盐以离子形式存在，由有机物和无机物综合组成。人体已发现有20多种必需的无机盐，占人体重量的4%～5%。虽然无机盐在细胞、人体中的含量很低，但是作用非常大。

03 海和洋的区别

在地球表面，除了五大洋以外，还有许多海。海是洋的边缘，是大洋的附属部分。海的面积大约占到海洋总面积的11%。海的水深比较浅，平均深度从几米到两三千米。海因为临近大陆，所以温度、盐度、颜色和透明度都受陆地的影响，有明显的变化。洋是海洋的中心部分，是海洋的主体。大洋的水深，一般在3000米以上，最深处可达1万多米。大洋离陆地很远，水文、水质和盐度比较稳定。洋的底部，海洋生物的尸体和火山灰尘比较多，而海的底部，由江河带来的泥沙比较多。

中国海域辽阔，海岸线绵长，北起鸭绿江，南到北仑河，长1.8万多千米，有渤海、黄海、东海和南海。

渤海是中国内海，面积7.7万平方千米，平

▲ 渤海湾

均水深18米，生产虾蟹和黄鱼，石油、天然气储量也较丰富。

黄海是一个半封闭的内陆浅海，总面积37.86万平方千米，平均水深40米，是中国重要的产盐区。黄海海底平缓，为东亚大陆架的一部分。

东海海区面积79.48万平方千米，是中国第二大边缘海，海底蕴藏丰富的石油。

南海是中国三大边缘海之一，是中国近海中面积最大、最深的海区，面积358.91万平方千米，平均水深1112米，最深达5377米，在海防、海运、渔业和石油化工方面具有重要意义。

① 火山灰

火山灰是指由火山喷发出的直径小于2毫米的碎石和矿物质粒子，由岩石、矿物、火山玻璃碎片组成，还有人将其中极细微的火山灰划分出来称为火山尘。火山灰呈深灰、黄、白等颜色，坚硬，不溶于水，堆积压紧后成为凝灰岩。

② 水质

水质是水体质量的简称，它标志着水体的物理（如色度、臭味、浊度等）、化学（无机物和有机物的含量）和生物（微生物、细菌、底栖生物、浮游生物）的特性及其组成的状况。为保护、评价水体质量，一系列水质标准和参数被制定出来，如工业用水和生活饮用水等水质标准。

③ 天然气

天然气是一种多组分的混合气态化石燃料，主要成分是烷烃，其中甲烷占绝大多数，另有少量的乙烷、丙烷和丁烷。主要存在于气田气、油田气、泥火山气、煤层气和生物生成气中，也有少量出于煤层。

04 五大洋

从地球仪或世界地图上，我们可以清楚地看到，广大的海洋被陆地分割形成彼此相通的五个部分，这就是通常所说的五大洋，即太平洋、大西洋、印度洋、北冰洋、南冰洋。

太平洋位于亚洲、大洋洲、南美洲、北美洲和南极洲之间，形状轮廓近于圆形。太平洋是世界第一大洋，面积达1.6亿多平方千米（不包括属海），占世界海洋面积的一半，平均水深约4028米。太平洋中较大的岛屿有2600多个，简单概括为一弧三群。

自南冰洋确立后，大西洋的面积调整为7600多万平方千米，平均水深3627米，形状轮廓呈"S"形。大西洋底由海岭和海沟组成。海岭隐没在水面3000米以下，少数山脊露出洋面，形成岛屿。大部分岛屿集中在加勒比海的西北部，形成了旖旎的海岛风光。

印度洋在世界五大洋中占据枢纽位置，波斯湾更是世界经济发展的命脉。印度洋面积约为7491万平方千米，约占世界海洋总面积的1/5，平均水深3840米。印度洋海岸线曲折，多海湾和内海，属海较少。

北冰洋的面积为1300多万平方千米，海水最浅，平均水深只有1296米。北冰洋虽小，却具有重要的战略意义。

南冰洋是国际水文地理组织于2000年确定的一个独立的大洋，也叫南极海、南大洋。

① 海湾

海湾是指三面环陆的海洋，另一面为海，有"U"形及圆弧形等，通常以湾口附近两个对应海角的连线作为海湾最外部的分界线。与海湾相反，三面环海的陆地叫作海岬。世界上面积超过100万平方千米的大海湾共有5个，即孟加拉湾、墨西哥湾、几内亚湾、阿拉斯加湾及哈德逊湾。

② 内海

内海是指领海基线向陆地一侧的全部海水。内海包括：海湾、海峡、河口湾；领海基线与海岸之间的海域；被陆地所包围或通过狭窄水道连接海洋的海域。

③ 极圈

根据极圈在地球上的位置，分为南极圈和北极圈。它不仅是地球分带的界限，也是地球上地域划分的界限，南极圈以南的区域为南极，北极圈以北的区域为北极。

▲ 太平洋

05 海水的颜色

▲ 蔚蓝的大海

人们常说，大海是蓝色的。当我们伫立海边，极目远望，就会不禁感慨："好一片蔚蓝的大海！"然而，当舀起海水近距离观察时，我们就会发现海水是无色透明的。那么大海的蓝色是从何而来的呢？

海水的颜色主要是由海水的光学性质决定的。人眼所看到的海水的颜色，是海水对光线的吸收、反射和散射形成的。太阳光是由七色光（红、橙、黄、绿、青、蓝、紫）组合而成，从红光到紫光，其波长逐渐变短。波长长的红光、橙光、黄光的穿透能力强，易被水分子吸收，而蓝光、紫光的波长短，穿透能力弱，易被纯净的海水反射和散射。由于人的眼睛对紫光不敏感，而对蓝光比较敏感，所以我们往往对紫光视而不见，呈现在人们面前的海洋就是蔚蓝色或深蓝色的了。

其实海水的颜色除了受光学因素的影响外，还受到海水的深度、海水中的悬浮物质、云层等其他因素的影响，所以海水看上去并不全是蓝色的，而是五彩缤纷的。例如中国的黄海，由于黄河将大量泥沙携带入海，因此，黄海看上去一片黄绿。又如红海，因其水温很高，海里生长的某种水藻大批死亡后而呈现红褐色，将海水染成红色。

① 反射

反射是声波、光波等遇到其他的媒质分界面而部分仍在原物质中传播的现象。反射率又称反射本领，是反射光强度与入射光强度的比值。不同材料的表面具有不同的反射率，其数值多以百分数表示。同一材料对不同波长的光可有不同的反射率，这个现象称为选择反射。

② 波长

波长是一个物理学名词，指在某一固定的频率里，沿着波的传播方向，相邻的两个波峰或两个波谷之间的距离，即波在一个振动周期内传播的距离，它反映了波在空间上的周期性。波长在400纳米到760纳米之间的电磁波，被称为可见光。

③ 黑海的颜色

黑海是欧亚大陆的一个内海，面积约为42.4万平方千米，与地中海通过土耳其海峡相连。黑海颜色并不是黑的，只是相较于地中海，颜色深黑。黑海是地球上唯一的双层海，下层海水长期处于缺氧环境，在这个严重缺氧的环境中只有厌氧微生物可以生存。

06 海水的盐度

海水中的组分非常复杂，其中各种元素会以一定的物理化学形态存在。海水可以算是盐的故乡，含有各种各样的盐类，而海水中的众多盐类里氯化钠的含量高达90%左右，另外还包含氯化镁、硫酸镁及含碘、钾、溴等元素的其他盐类。而点豆腐用的卤水的主要成分就是氯化镁，它的味道是苦的。所以，含有这些组分的海水尝起来就又咸又苦了。

如果将海洋中的水全部蒸发干，那么海底就会积上60米厚的盐层；若把海水中的盐都提取出来平铺于陆地上，那么可以在全球陆地上铺成约厚170米的盐层。由此可见，海洋中含盐量的惊人。

海水盐度是指海水中全部溶解固体与海水重量之比，通常以每千克海水中所含克数表示。我们用盐度来表示海水中盐类物质的质量分数。遍布世界各地的海洋，其海水盐度并不相同。它主要受气候与大陆的影响，会因海域所处位置的不同而存在差异。在近岸地区，影响盐度的因素主要是河川径流；在外海或大洋，盐度则主要受降水、蒸发等因素的影响。世界海洋的平均盐度为3.5%。海水含盐量是海水的重要特征，它与温度、压力都是研究海水的物理过程和化学过程的基本参数。

▲ 莺歌海盐场

① 卤水

用于点豆腐的卤水，其学名为盐卤，是氯化镁、硫酸镁和氯化钠的混合物。在烹饪美食过程中，经过各种食用香料调制而成的液状物质也常被称为卤水，用于制作各类卤菜。而在地理学方面，卤水是指盐类含量大于5%的液态矿产，聚集于地表的称地表卤水或湖卤水，聚集于地面以下者称地下卤水。

② 蒸发量

水由液态或固态转变成气态并逸入大气中的过程称为蒸发。在一定时段内，水分经蒸发而散布到空中的量就是蒸发量。一般湿度越小、温度越高、气压越低、风速越大，蒸发量就越大，反之蒸发量就越小。一个少雨地区，如果蒸发量很大，极易产生干旱。

③ 稀释

稀释是指加溶剂于溶液中以减小溶液浓度的过程。当废气或废水排放到大气或水体中，由于流体扩散、分散作用，污染物的浓度降低，这便是一种稀释的过程。

07 死海

在以色列、约旦和巴勒斯坦之间有一个"死海"，它与通常的海不太一样，没有潮起潮落，海面波澜不惊。海水中没有水草，也没有鱼虾，只有数量极少的微生物。

传说大约在两千年前，罗马统帅狄杜进攻耶路撒冷，行军至死海岸边，下令处死俘虏来的奴隶。奴隶们被扔进死海，但是他们并没有沉到海里，而是浮在海面上。狄杜大怒，下令再次将俘虏投入海中，可是俘虏们依然安然无事。狄杜大惊，以为奴隶们有神灵保佑，所以屡淹不死，只好下令将他们全部释放。

▲ 死海盐度极高

那么，这一切是为什么呢？原来死海及其岸边含有极高的盐分，在这样的情况下，鱼虾及其他水生生物难以生存，花草在岸边及周围地区也无法生长，故呈现一片死寂。据统计，死海中各种盐类加在一起，占全部海水的23%～25%，其中氯化钠有130多亿吨，氯化钙有60多亿吨，氯化钾有20多亿吨。这么高的盐度使海水的密度大于人体的密度，当物体密度小于液体时，物体就会漂浮于液体当中，于是人一到死海里就自然漂起来，沉不下去了。

① 密度

在物理学中，把某种物质单位体积的质量叫作这种物质的密度。密度是物质的一种特性，它不随质量、体积的改变而改变，同种物质的密度不变，它只与物质的种类和物质的状态有关。不同的物质，密度一般是不相同的。

② 盐类

盐类是指含有铁、钙、锌、钾、钠、碘等成分的营养物质，我们吃的食盐只是盐类的一种，是含有钠的盐。化学上的盐类是指酸和碱中和后的产物，常见的盐类分为正盐、酸式盐和碱式盐。日常生活中常见的盐类有食盐、纯碱、小苏打等，农业上用的化肥如硝酸铵、碳酸氢铵、硫酸钾等都属于盐类。

③ 浮力

浸在液体或气体里的物体受到的液体或气体向上托的力叫作浮力。物体在液体中所受浮力与密度的关系为：当物体密度大于液体密度时，物体在液体中处于下沉状态。当物体密度小于液体密度时，物体在液体中处于漂浮状态。当物体密度等于液体密度时，物体在液体中处于悬浮状态。

08 海沟

海底最深的地方是海沟，其最大深度可达1万多米，它多分布于大洋边缘，且与大陆边缘相对平行。目前，科学家们对于海沟有许多不同的观点。一些人认为，水深超过6000米的长形洼地都可以称为海沟。而另一些人则认为，真正的海沟应与火山弧相伴而生。在地质学上，海沟则被认为是大陆板块和海洋板块相互作用的结果。

海沟主要分布于环太平洋地区，在印度尼西亚之西的印度洋和加勒比海也可见。海沟一般长500～4500千米，宽40～120千米，其两面峭壁多数呈不对称的"V"字形，且普遍具阶梯地貌，地质结构复杂。地球上最强烈的地震活动带是沿海沟分布的，其震源一般从洋侧到陆侧逐渐加深，构成自海沟附近向大陆方向倾斜的震源带。海沟本身主要为浅源地震带，因此大量的浅源地震发生于海沟陆侧坡一带。

世界大洋约有30条海沟，而地球上最深的海沟是马里亚纳海沟，它位于西太平洋马里亚纳群岛东南侧，全长2550千米，平均宽70千米，大部分水深在8千米以上，最深处达11 034米。

① 大陆边缘

大陆边缘是指大陆与大洋盆地的边界地，平行于大陆—大洋边界延伸千余到万余千米，宽几十到几百千米。大陆边缘包括大陆坡、大陆架、海沟以及大陆隆等海底地貌构造单元，可分为活动大陆边缘和被动大陆边缘。

▲ 地震带一般都是沿海沟分布的

② 火山弧

火山弧分为岛弧和陆弧两种，是海洋板块沉入另一个板块时岩浆喷出形成的与隐没带平行的火山群岛或山脉。岛弧是海洋板块沉入邻近的海洋板块所形成的，陆弧则是海洋板块沉入邻近的大陆板块所形成的。有些隐没带因一部分沉入海洋板块而另一部分沉入大陆板块而出现岛弧和陆弧。

③ 浅源地震

地震可根据震源深度分为浅源地震、中源地震和深源地震。浅源地震就是震源深度在60千米范围内的地震。浅源地震对人类的影响最大，它的发震频率高，占地震总数的72.5%，其中震源深度在30千米以内的占多数，是地震灾害的主要制造者。

09 潮汐

▲ 潮汐

　　到过海边的人们都会发现海水有一种周期性的涨落现象。人们习惯上把海水垂直方向的涨落称为潮汐，把海水在水平方向的流动称为潮流。潮汐是沿海地区的一种自然现象，古代把白天的河海涌水称为"潮"，晚上的河海涌水称为"汐"，合称为"潮汐"。

　　潮汐是由月球和太阳引力而产生的周期性运动，根据周期可以分为三类：半日潮、全日潮、混合潮。半日潮是指在一个太阳日内出现两次高潮和两次低潮，前一次高潮和低潮的潮差与后一次高潮和低潮的潮差大致相同，涨潮过程和落潮过程的时间也几乎相等。全日潮是指在一个太阳日内只有一次高潮和一次低潮，南海的北部湾是世界上典型的全日潮海区。混合潮指一个月内有些日子出现两次高潮和两次低潮，且两次高潮和低潮的潮差相差较大，涨潮过程和落潮过程的时间也不等，而另一些日子则出现一次高潮和一次低潮。

潮汐是所有海洋现象中较先引起人们注意的海水运动现象，它与人类的关系非常密切。海港工程，航运交通，军事活动，渔、盐、水产业，近海环境研究与污染治理，都与潮汐现象密切相关。永不休止的海面垂直涨落运动蕴藏着极为巨大的能量。

① 引潮力

引潮力是指月球、太阳对地球上海水的引力和月球、地球公转产生的惯性离心力的合力。这种合力是引起潮汐的动力。月球引潮力是太阳引潮力的2.17倍。

② 咸潮

咸潮主要发生在沿海河口。当淡水河流量不足，海水倒灌，咸淡水混合造成上游河道水体变咸，即形成咸潮。咸潮一般发生于冬季或干旱的季节。影响咸潮的主要因素有天气变化以及潮汐涨退。

③ 潮汐发电

潮汐发电和普通水力发电原理类似，在涨潮时将海水储存在水库内，以势能的形式保存，然后在落潮时放出海水，利用高低潮位之间的落差推动水轮机旋转，进而带动发电机发电。

10 海流

海流又叫洋流，指海水因为气象因素和热效应作用常年大规模地沿着一定途径所进行的较为稳定的流动。它是海水的普遍运动形式之一。海洋里有很多海流，每条海流终年沿着比较固定的路线流动。它像人体的血液循环一样，把整个世界大洋联系在一起，使整个世界大洋得以保持其各种水文、化学要素的长期相对稳定。

海流按成因可分为风海流、密度流、补偿流。盛行风吹拂着海面，推动海水漂动，并且使上层海水带动下层海水流动，进而形成规模很大的洋流，这种洋流就是风海流。密度流是指各海域海水的温度、盐度不同，引起海水密度的差异，从而导致的海水流动。风力和密度差异引起的洋流使出发区的海水减少，而由相邻海区的海水来补充，这种情况下的海流就是补偿流。补偿流又分为上升流和下降流。按性质不同，海流还可分为暖流、寒流、中性流。

海流与海洋渔业有很大关系。海流有扩大海洋生物分布的作用，如暖流可将南方喜热性动物带到较高纬度海区，寒流可将北方喜冷性动物带到较低纬度海区。两种不同海流的交汇处、上升流海区，往往形成良好的渔场。

① 暖流

暖流是指水温高于周围海水的海流，通常自低纬度流向高纬度，水温沿途逐渐降低，对沿途气候有增温、增湿的作用。暖流最主要的有湾流和黑潮。

② 寒流

寒流是指从高纬度流向低纬度的洋流。寒流与其所经过流域的海水相比，具有温度低、含盐量少、透明度低、流动速度慢、幅度宽广、深度较小等特点，能使经过的地方气温下降、少雨。

③ 渔场

渔场是指鱼类或其他水生经济动物密集经过或滞游的具有捕捞价值的水域。中国习惯上根据水域位置、捕捞对象和作业方式区分渔场，如舟山渔场、吕泗渔场，大黄鱼渔场、带鱼渔场，拖网作业渔场、围网作业渔场等。

▲ 海流

⑪ 海洋牧场

　　海洋水产资源虽然十分丰富，但绝不是取之不尽、用之不竭的，要开发利用海洋资源，必须改变那种海洋里有什么就捕什么的传统，走出一条海洋农牧化的道路。海洋牧场是海洋畜牧的重要形式，主要是海洋牧鱼：先将人工培养的鱼苗放入海洋牧场放养，通过一定技术措施让其洄游，然后到长大够重量时进行捕捞。这样做的目的，是充分利用海洋的自然生产力，提高人类利用和获得海洋资源的能力。

　　海洋牧鱼的形式，根据牧场形成因素与人工的关系，又分为人造牧场和自然牧场两种类型。人造海洋牧场的类型包括沿岸牧场、围

▲ 海水养殖场

网牧场、气泡帷帐等。正在研究的有电子牧场，即根据鱼类在电场中活动的特点，造出一种既能阻止鱼类穿行又不至于击死鱼类的"电栅栏"，用这种"电栅栏"在海洋中圈定一个个海洋牧场。此外，人类正向利用化学、声学隔离的办法来圈定海洋牧场的方向努力。

海洋自然牧场是指在海洋中存在的一种自然生态"栅栏"。在自然牧场中牧鱼要比在人工牧场中牧鱼困难，必须通过饲养、移植、驯化、环境改造等技术措施使鱼类能定期洄游，以便捕捞。

❶ 洄游

洄游是鱼类因生理要求、遗传和外界环境等因素，进行的周期性的定向往返移动。洄游是鱼类运动的一种特殊形式，是鱼类对环境的一种长期适应，它能使种群获得更有利的生存条件，更好地繁衍后代。

❷ 驯化

驯化是指通过改变外来植物的遗传性状以适应新环境的过程或将动物从野生状态改变为家养的过程，是人们在生产生活实践当中出现的一种文明进步行为。到目前为止，全驯化的动物有几千个品种。

❸ 渔业

渔业是人类利用水域中生物的物质转化功能，通过捕捞、养殖和加工，以取得水产品的社会产业部门。一般分为海洋渔业、淡水渔业。中国拥有1.8万多千米的海岸线、20万平方千米的淡水水域、1000多种经济价值较高的水产动植物，发展渔业前景广阔。

12 海洋生物

据生物学家统计，地球上有80%的生物来自海洋。海洋中有2万多种植物，18万种动物，总重量约1350亿吨。如果能够持续保持海洋的生态平衡，海洋每年可向人类提供30亿吨高蛋白的水产品，至少可供300亿人食用。

当今世界人们消费的动物蛋白中，每年约6300万吨都是从海洋中获得的，占全部动物蛋白消费量的15%。仅南极附近海域磷虾，估计就有10亿～50亿吨。所以，海洋是一个巨大的高蛋白食品库。

人类对海洋生物的开发利用有着悠久的历史。但是，直到近代，开发利用的范围还是很狭小。以干品计算，海洋每年只能为人类提供1%～2%的食物。随着捕捞技术的逐步现代化，海洋水产的捕获量在逐渐增加。根据联合国粮农组织的报告，世界海洋捕鱼量从1950年的1760万吨增加到20世纪80年代末的8400万吨。目前，海洋鱼类捕捞量已接近可持续捕捞量的最大限度，据估计这个极限为每年1亿吨。随着渔业接近最大捕捞量，富营养化、化学污染以及孵化区的破坏等环境压力将越来越多地影响到海洋生产力。过度捕捞和严重污染的双重压力所造成的结果，在有些地区已经很明显。

▲ 海洋生物

① 生态平衡

　　生态平衡是指在一定时间内生态系统中的生物和环境之间、生物各个种群之间，通过能量流动、物质循环和信息传递，使它们相互之间达到高度适应、协调和统一的状态。在生态系统内部，生产者、消费者、分解者和非生物环境之间在一定时间内保持着能量与物质输入、输出的动态的相对稳定状态。

② 蛋白质

　　蛋白质是生命的物质基础，没有蛋白质就没有生命。蛋白质占人体重量的16%～20%。人体内蛋白质的种类很多，性质、功能各异，但都是由20多种氨基酸按不同比例组合而成的，并在体内不断地进行代谢与更新。

③ 南极

　　南极是一块面积约为1261平方千米的广大的陆地，是地球上最后一个被发现并且唯一没有土著人居住的大陆。在南极蕴藏有220余种矿物，但植物却很难生长，偶尔仅能见到苔藓、地衣等植物，不过，在海岸和岛屿附近有企鹅、海豹、鲸等动物。

13 海洋浮游生物

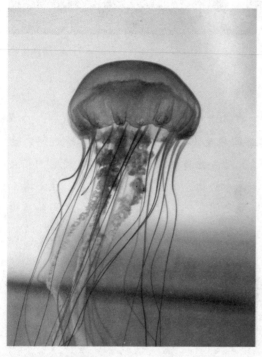

▲ 海洋中的浮游生物

海洋浮游生物是悬浮在水层中随水流移动的海洋生物。这类生物缺乏发达的运动器官，没有或仅有微弱的游动能力；绝大多数个体很小，须在显微镜下才能看清其构造，只有个别品种个体甚大；种类繁多，涉及植物界和动物界大多数门类；数量很多，分布很广，几乎世界各海域都有。

浮游生物包括浮游植物和浮游动物两大类。根据体型的大小，浮游生物可分为六类：超微型浮游生物、微型浮游生物、小型浮游生物、中型浮游生物、大型浮游生物和巨型浮游生物。按照浮游时间的长短，浮游生物分三类：永久性浮游生物、阶段性浮游生物和暂时性浮游生物。

由于要进行光合作用，浮游植物仅分布在海洋有光照的上层，即水面以下200米范围内，也叫真光层。蓝藻大多分布于真光层的上部，硅藻则可分布在整个真光层。浮游动物在上、中、下各个水层都有分布，但种类和数量各不相同。

浮游生物在海洋生态系统中占有极为重要的位置。在海洋食物链中，浮游植物是初级生产者，通过光合作用制造有机物，成为食物链的第一环节。浮游生物是许多海洋生物的饵料，所以在很大程度上决定着鱼类和其他经济水产动物的产量。

① 浮游生物分类

小于5微米的为超微型浮游生物，如微球藻、海水小球藻等；5～50微米的为微型浮游生物，如微型鞭毛藻、颗石藻等；50微米到1毫米的为小型浮游生物，如硅藻、轮虫等；1～5毫米的为中型浮游生物，如中型水母、浮游幼虫等；大于5毫米的为大型浮游生物，如大型水母、毛颚动物等；大于1厘米的为巨型浮游生物，如僧帽水母、海蜇等。

② 藻类植物生长环境

藻类分布的范围极广，对环境条件的要求不严，适应性较强，在极低的营养浓度、极微弱的光照强度和相当低的温度下也能生活。藻类植物不仅能生活在海洋、江河、溪流、湖泊中，也能生长在短暂积水或潮湿的地方。

③ 轮虫

轮虫形体微小，分布广，多数自由生活，也有寄生的。身体为长形，分头部、躯干及尾部。头部有一个能转动的轮盘，形如车轮，故名。

14 海洋底栖生物

　　海洋底栖生物指栖于海洋基底表面或沉积物中的生物。这类生物自潮间带到水深万米以上的大洋超深渊带（深海沟底部）都有分布，是海洋生物中种类最多的一个类型，包括大多数海洋动物门类、大型海藻和海洋种子植物。海洋底栖生物按生物属性可分为海洋底栖植物和海洋底栖动物；按营养类型可分为自养型海洋底栖生物和异养型海洋底栖生物。

　　海洋底栖植物几乎包括全部大型藻类，如海带、石莼、紫菜等，以及海草和红树等种子植物。它们固着于地表，主要分布在透光的潮间带和潮下带。有些种类，如红藻类的海萝和红树，可以生活在潮上带，退潮后也能长时间经受太阳的曝晒。另外，海洋底栖植物还包括浒苔、水云等附着于物体或船底的种类。海洋底栖动物包括海洋动物的大多数门类。

　　在海洋生态系统中，底栖生物分别处于不同的营养层次。海洋底栖生物同人类的关系十分密切，许多底栖生物可供食用，是渔业采捕或养殖的对象，具有重要的经济价值。底栖生物是经济鱼类、虾类的天然饵料，它们在海洋食物链中是相当重要的一环，其数量的多少影响着经济鱼虾资源的数量和渔业的发展。

① 潮间带

潮间带，即大潮期的最高潮位和最低潮位间的海岸，也就是海水涨至最高时所淹没的地方开始至潮水退到最低时露出水面的范围。潮间带往上至海浪可以达到的范围称为潮上带。

② 底栖生物分类

根据体型大小，海洋底栖生物分为三类：一是大型底栖生物，体长大于1毫米，如海绵、珊瑚、虾等；二是小型底栖生物，体长在0.5～1毫米，主要有海洋线虫类、海洋甲壳动物的猛水蚤类等；三是微型底栖生物，体长小于0.5毫米，主要有海洋原生动物、细菌等。

③ 底栖生物特性

海洋底栖生物绝大多数是消费者，为异养型生物。异养型动物群落的成员，有的能进行化合作用，在无阳光和缺氧的条件下，与自养细菌共生，以无机物为生。

▲ 海洋底栖藻类

15 海洋工程

▲ 海上石油钻井平台

现代新兴科学技术海洋工程，是全面深入研究、开发各种海洋资源的一门崭新的学科。海洋工程技术的诞生，表明人类已经脱离有啥捕啥、有啥吃啥的年代，而是创造性地、有计划有目的地开发海洋这个广阔的空间，例如建设海洋牧场、海洋农场和开发海洋矿产、海洋能源等。

除人类直接利用的资源开发工程外，海洋工程还包括河口整治工程、石油钻探工程、港口航道工程、围垦工程和养殖工程，以及各种涉海工程、基本建设工程等。因为上述工程多在海岸带进行，所以又称为海岸工程。

海洋环境复杂且多变，所以海洋工程要经受住波浪、台风、海流、潮汐、冰凌等的考验，在浅海水域还要受岸滩演变、复杂地形以及泥沙运移的影响。一些海洋环境因素，像地震、温度、电磁、辐射、生物附着、腐蚀等，也会对一些海洋工程产生影响。

海洋工程的重点开发项目有：海洋资源（生物资源、矿产资源等）开发、海洋空间利用（海洋运输、海上工厂、海底隧道等）、海洋能利用（潮汐发电、温差发电等）、海岸防护等。

① 台风

台风是热带气旋的一个类别。热带气旋按照其强度的不同，依次可分为六个等级：热带低压、热带风暴、强热带风暴、台风、强台风和超强台风。西北太平洋地区是世界上台风活动最频繁的地区，每年登陆中国的台风就有六七个。

② 腐蚀

腐蚀是指材料由于环境作用引起的破坏或变质，可分为湿腐蚀和干腐蚀两类。湿腐蚀指金属在有水存在下的腐蚀，干腐蚀指在无液态水存在下的干气体中的腐蚀。

③ 辐射

辐射是指能量以电磁波或粒子的形式向外扩散的一种状态。依其能量的高低及电离物质的能力可分为电离辐射和非电离辐射。辐射之能量从辐射源向外所有方向都是直线放射。

16 开发海洋

当今地球上的人口数量在以前所未有的速度增加，人与资源之间的矛盾越来越突出，进一步开发海洋就成为人们关注的焦点了。海洋被称为"蓝色的聚宝盆"，在浩瀚无垠的海洋中，蕴藏着人类所必需的宝贵资源。

▲ 大洋锰多金属结核

海洋中蕴藏着丰富的生物资源，如各种鱼类、虾蟹、蚌蛤等；海洋中的矿产也十分富足，如海底锰结核、铀矿、黄金、石油、天然气、可燃冰、锂、氘和氚等新能源资源。另外，海洋旅游资源也是相当具有特色的，如金色的沙滩、涌潮、海洋博物馆等。

目前，人类对海洋资源的开发利用还很有限，但已显示出它巨大的经济效益。这对于人类来说是非常重要的。因为随着人口的增长、生产的发展，人类对食品、能源以及各种材料的需求日益增加，仅仅依靠占地球面积29%的陆地资源是远远不够的。

但是，人类在开发海洋的过程中，对广大的海洋已经造成了不可忽视的污染，所以我们应该协调经济发展与海洋保护之间的矛盾，减少因经济发展给海洋环境带来的威胁和破坏。

① 石油

石油又称原油，属于化石燃料，是一种黏稠的深褐色液体。石油的性质因产地而异，黏度范围很宽，可溶于多种有机溶剂，不溶于水，但可与水形成乳状液。地壳上层部分地区有石油储存，它是古代海洋或湖泊中的生物经过漫长的演化而形成的。

② 沙滩

沙滩就是沙子淤积形成的沿水边的陆地或水中高出水面的平地。随着人类文明的飞跃发展，沙滩已成为人们休闲、娱乐及运动的主要场所之一。沙滩的颜色不仅有金黄色，还有白色、黑色和红色等。

③ 矿产资源

矿产资源指通过地质成矿作用形成的有用矿物或有用元素的含量达到具有工业利用价值，呈固态、液态或气态赋存于地壳内的自然资源。按其特征和用途，通常可分为金属矿产（如铁、铜等）、非金属矿产（如石墨、金刚石等）和能源矿产（如煤、石油等）。

17 海洋开发的*历程*

人类利用海洋，大约已有几千年的历史了。长期以来，人类对于海洋的利用仅限于捕捞海生动物、海生植物，利用海水制盐、航运等，而且规模较小，技术水平也比较低。以对人类的贡献来说，海洋远不如大陆。

20世纪以后，一些科研工作者开始重视对海洋的研究。1934年，维尔雅姆·比勃用自己设计的"深海潜球"进入海洋475米深处；后来，雅可·皮卡尔借助"特里耶斯特"深水装置到达11 934米深处；1962年，库斯托在水下11米深处建成了第一幢水下"住宅"。

到了20世纪70年代，人口增长所造成的食物、能源、材料甚至淡水的短缺，引起了世界各国对海洋的普遍关注。于是一些发达国家加紧了制定研究和开发海洋的计划，并给予了大量的投资，在这个基础上，发展起来一门现代的新兴科学技术——海洋工程，人类从此吹起了向海洋全面进军的号角。

现在，一些发展中国家已经逐渐由浅海区走向深海区，由纬度低的海域走向纬度高的海域。过去不大受人们重视的北冰洋，因为气候开始变暖、洋底矿产丰富，已受到各国的青睐。

▲ 海上航运

① 淡水

　　含盐量小于0.5克/升的水，属于淡水。地球上淡水总量的68.7%都是以冰川的形态出现的，并且分布在难以利用的高山和南北极地区，还有部分埋藏于深层地下的淡水很难被开发、利用。人们通常饮用的都是淡水，并且对淡水资源的需求量愈来愈大，目前可被直接利用的是湖泊水、河床水和地下水。

② 纬度

　　表征纬线在地球上方位的量便是纬度（指某点与地球球心的连线和地球赤道面所成的线面角），其数值在0°～90°之间，赤道以北的点的纬度称北纬，赤道以南的点的纬度称南纬。

③ 海域

　　海域是指包括水上、水下在内的一定海洋区域。在划定领海宽度的基线以内的海域为内海；从基线向外延伸一定宽度的海域为领海；从一国领海的外边缘延伸到他国领海为止的海域为公海。

18 厄尔尼诺现象

▲ 厄尔尼诺影响秘鲁渔业生产

20世纪70年代以来，全世界出现的异常天气有范围广、灾害重、时间长等特点。科学家们研究发现，这一系列异常天气的出现与厄尔尼诺现象有关。"厄尔尼诺"是西班牙语的音译，原意是"圣婴""圣子"，但它给人类带来的更多的是灾难，而不是吉祥。

厄尔尼诺就是南美洲太平洋沿海向西一直到国际日期变更线这一水域的海水温度不正常升高的现象。在南美洲的秘鲁、厄瓜多尔沿海地带，海水温度随季节的变化而变化，在圣诞节前后海水本来应该变冷，但是某些年份海水却在这个季节突然异常增暖。海水的增暖会改

变鱼类的生存环境，导致鱼类由于不适应而大量死亡或潜逃，渔业因而大幅度减产，影响了当地渔民的生活。当厄尔尼诺突然降临时，水温异常升高，暖水南流，深层海水不再大量涌升，秘鲁沙丁鱼等冷水性鱼类所赖以生存的营养物质水源中断，鱼类便大量饿死、热死，剩下的也远走他乡，渔业一落千丈。一般情况下，这种现象多发生在圣诞节期间，故当地称之为厄尔尼诺。

厄尔尼诺出现时，可使大气环流发生剧烈变化。它时而引发某地洪水泛滥、狂风骤起，时而又造成森林大火、土地干旱，从而给人类生命财产造成巨大损失。

① 洪水

洪水是由暴雨或急骤融冰融雪等自然因素和水库垮坝等人为因素引起的江河湖等水量迅速增加或水位急剧上涨的自然现象，分为暴雨洪水、融冰融雪洪水和冰凌洪水。有关资料显示，洪水的发生频率和严重程度与人口增长趋势成正比。

② 干旱

干旱通常指淡水总量少，不足以满足人的生存和经济发展要求的现象。干旱是人类面临的主要自然灾害之一。随着经济发展和人口暴涨，水资源的不合理开发利用，水资源短缺的现象日益严重，从而使干旱的程度也逐渐加重。

③ 秘鲁

秘鲁全称秘鲁共和国，是南美洲西部的一个国家，北邻厄瓜多尔和哥伦比亚，东与巴西和玻利维亚接壤，南接智利，西濒太平洋，为南美洲国家联盟的成员国。秘鲁是发展中国家，全国约有50%的人生活在贫穷之中，主要经济活动有农业、渔业、矿业以及制造业等。

19 厄尔尼诺与灾难

　　科学家们对厄尔尼诺的研究结果表明，历史上厄尔尼诺现象发生时，都相应出现全球性气候异常，造成相关重大灾害。印度尼西亚和澳大利亚的旱灾、玻利维亚和秘鲁的洪水、巴西及南部非洲地区的干旱、美国大西洋沿海地区的飓风，一般认为造成这些恶劣气候现象的元凶就是厄尔尼诺现象。1972—1973年，厄尔尼诺现象导致全球气候异常，一些国家和地区发生严重洪水，尤其非洲突尼斯出现了200年一遇的特大洪水，中国发生了严重的全国性干旱。1982—1983年的厄尔尼诺现象，使东太平洋近赤道地区海水异常升温，范围越来越大，表层水温比常年升高了5℃～6℃。圣诞节前后，栖息在圣诞岛上的1700多只海鸟不知去向，接着秘鲁等太平洋东岸国家大雨滂沱，洪水泛滥成灾，并出现了世界性的气候反常。1997—1998年度的厄尔尼诺现象是20世纪最厉害的一次，造成太平洋东岸国家暴雨成灾、洪水泛滥，而西岸国家则烈日炎炎、禾苗枯萎。

　　厄尔尼诺会给世界带来重大的灾难，已为世人所共知，但厄尔尼诺也并非一无是处。厄尔尼诺引起的气候变暖可以促进植物生长，而植物吸收二氧化碳，释放出氧气，从而使与全球气候变暖有关的污染物得到一定控制。

① 非洲

非洲的全称是"阿非利加洲"，意思是"阳光灼热的地方"，位于亚洲的西南面，为世界第二大洲，面积约3020万平方千米（包括附近岛屿），南北长约8000千米，东西长约7403千米，约占世界陆地总面积的20.2%。

② 全球气候变暖

全球气候变暖是指在一段时间内，地球大气和海洋温度上升的现象，主要是指人为因素造成的温度上升。大气中二氧化碳排放量增加是造成地球气候变暖的根源。二氧化碳等温室气体对来自太阳辐射的可见光具有高度的透过性，而对地球反射出来的长波辐射具有高度的吸收性，能强烈吸收地面辐射中的红外线，导致全球气候变暖。

③ 圣诞节

圣诞节是"基督弥撒"的缩写。弥撒是教会的一种礼拜仪式。圣诞节是一个宗教节日。因为把它当作耶稣的诞辰来庆祝，因而又名耶诞节。西方教会，包括罗马天主教、英国圣公会和新教，确定的圣诞日是公历的12月25日。

▲ 厄尔尼诺会引发洪水

20 拉尼娜现象

拉尼娜一词，同样源于西班牙语，是"圣女""小女孩"的意思。拉尼娜现象与厄尔尼诺现象相反，指赤道太平洋东部和中部的海水温度持续异常偏冷的现象。拉尼娜造成的灾害比厄尔尼诺造成的灾害要小一些。人们常称厄尔尼诺为粗暴的"哥哥"，而拉尼娜就是相对温柔的"小妹妹"。拉尼娜现象是一种反厄尔尼诺现象，有时候人们也把拉尼娜称为"冷事件"。

科学家认为，在厄尔尼诺发生一年后，拉尼娜一般会接踵而来，这种可能性达到70%以上。

拉尼娜的预兆是飓风、大暴雨和严寒气候。据美国热带海洋大气研究所设置的一系列装置监测的数据表明，赤道太平洋附近5000平方

▲ 暴风雨来临之前

千米的水域表面海水的温度，从1998年5月初到6月初，仅仅一个月的时间就下降了8.3℃，下降速度之快是过去从来没有过的。

例如，2008年拉尼娜现象的出现，使赤道附近东太平洋冷水域上空形成冷气团，冷空气迫使雨云向西移动，增强了信风。强劲的信风带动暖水向澳大利亚的方向移动，给澳大利亚带去了高温和暴风雨。美国也深受其害，一方面是阿拉斯加地区遭受严寒的袭击；另一方面是美国其余大部分地区，特别是南部地区出现罕见的暖冬气候。拉尼娜现象使华盛顿州、俄勒冈州和北加州受到风暴、大雨和风雪的袭击，而西南部却又遭遇干旱。

❶ 暴雨

暴雨是24小时降水量为50毫米或以上的强降雨。由于各地降水和地形特点不同，各地暴雨洪涝的标准也有所不同。作为一种灾害性天气，暴雨往往造成水土流失、洪涝灾害以及严重的人员和财产损失。世界上最大的暴雨出现在南印度洋上的留尼汪岛，24小时降水量为1870毫米。

❷ 气候

气候是长时间内气象要素和天气现象的平均或统计状态，时间尺度为月、季、年、数年到数百年以上。气候的形成主要是由热量的变化而引起的。气候以冷、暖、干、湿等特征来衡量，通常由某一时期的平均值和离差值表征。

❸ 热带

南北回归线之间的地带为热带，地处赤道两侧。该带太阳高度终年很大，且一年有两次太阳直射的机会。热带全年高温，且变幅很小，只有雨季和干季或相对热季和凉季之分。

21 海啸

海洋灾害之中，最令人恐怖的要算是海啸了。

海啸是由海底地震、火山爆发或强烈风暴等引起的海面恶浪并伴随巨响的自然现象。海底地震或火山爆发时，放出巨大能量，引起海水突然上升，形成巨大波动。

海啸是一种与海洋有关的突发性的自然灾害，它造成的灾难是难以估计的。海啸的突出特点是其引起的波浪的波长很大，短的有几十千米，长的可达五六百千米。这种长波在水深几千米的大洋中传播得非常快，每小时可达数百千米。当它在大洋中行进时，一般波高仅1米，不易被人觉察，但当它传到海边时，由于水变浅，受地形影响，浪高骤增，高达十几米，甚至50米，

▲ 海啸

而且每隔数分钟或数十分钟就重复一次。呼啸的海浪可以摧毁堤岸，淹没村庄、城市，给沿岸人民的生命财产造成损失。

尽管海啸不是经常发生，但是它每次发生都给人们留下了十分深刻的印象。1964年发生在美国阿拉斯加的海啸，是历史上记载的一次大海啸，波高达58米。这次海啸起因于8.4级大地震。由于海啸波的能量在近岸不断集中、汇集，海啸冲击海岸的压力达每平方米30吨，如此大的破坏力就不难想象近岸所遭受的灾难了。

① 火山爆发

火山爆发又称火山喷发，是一种奇特的地质现象，是地壳运动的一种表现形式，也是地球内部热能在地表的一种最强烈的显示。因受岩浆性质、火山通道形状、地下岩浆库内压力等因素的影响，火山喷发的形式有很大差别，一般可分为裂隙式喷发和中心式喷发。

② 风暴

风暴泛指强烈天气系统过境时出现的天气过程，特指伴有强风或强降水的天气系统，例如飑线、雷暴、台风、龙卷风、热带风暴、热带气旋等。

③ 地震

地震又称地动，是指地壳快速释放能量过程中造成的震动，其间会产生地震波。它就像海啸、龙卷风一样，是地球上经常发生的一种自然灾害。地震常常造成严重的人员伤亡，能引起火灾、有毒气体泄漏及放射性物质扩散，还可能造成海啸、崩塌等次生灾害。

22 海啸发生的主因

地震是引起海啸的主要原因，但并非所有的海底地震都会引起海啸。据记载，在15万次地震中，只有十几次会产生海啸。据考察，震级在6级以上，震源深度小于40千米的地震才可能形成海啸。全球各大洋都有海啸，因90%的海底地震出现在太平洋地区，因此太平洋沿岸也是海啸灾害的多发区。为了减少海啸造成的损失，许多国家在沿海建立了钢筋水泥防波堤，并设立各种观察站，根据科学记录做出预报，以便在海啸发生前做好预防工作。

▲ 海岸防波堤

地震发生时，海底地层出现断裂，部分地层猛然上升或者下沉，由此使从海底到海面的整个水层发生剧烈"抖动"。海啸一旦产生，它就像将一块石头投到水中产生的波浪以越来越大的圆形从波源向外扩散。海啸波还有一个特点就是在波峰之后，还有一个宽阔的波谷，有时能露出部分海底，像退大潮一样。

1960年5月22日，南美智利的太平洋海沟发生了9.5级地震，并引起特大海啸，是近代造成损失最严重的一次，海啸波高达25米。海浪还以每小时640千米的速度沿太平洋传播。智利的沿海城市和农村遭到了毁灭性的打击，有2000人死于海啸，沿岸100多个防波堤被冲垮，2000余艘船只被击毁，财产损失约5.5亿美元。令人震惊的是它越过太平洋抵达日本沿岸时，波高仍达6米以上，冲毁了日本沿岸3000多幢房屋，打翻了100多艘船只，还使340人丧生。

① 太平洋

太平洋是位于亚洲、大洋洲、美洲和南极洲之间的世界上最大、最深、边缘海和岛屿最多的大洋。它包括属海的面积为18 134.4万平方千米，不包括属海的面积为16 624.1万平方千米，约占地球总面积的1/3。

② 波峰与波谷

波峰是指波在一个波长的范围内波幅的最大值，与之相对的最小值则被称为波谷。以横波为例，突起的最高点就是波峰，陷下的最低点就是波谷。

③ 智利多海啸

根据现代板块结构学说的观点，智利位于南极洲板块与南美洲板块相互碰撞的俯冲地带，处在环太平洋火山地震带上。这种特殊的地质结构，使智利处于极不稳定的地表之上。自古以来，这里火山不断喷发，地震连连发生，海啸频频出现，灾难时常降临。

23 台风的温床

台风是产生在热带海洋上的一种猛烈的大风暴，尤其以太平洋西部洋面产生的次数最多，对日本、中国和一些东南亚国家都有很大影响。靠近赤道的洋面受太阳直射，海水温度升高，蒸发出大量的水汽。受热的空气膨胀变轻而上升，而周围较冷而重的空气就不断流向热空气所在的位置，便促使上升空气加强。由于地球是自西向东旋转的球体，所以在地球上的空气也要受到这种惯性的影响。上升空气一面旋转，一面上升，上升的湿空气在高空中降温，凝结成无数的小水滴，飘浮在空气中成为黑云，降落到地面即是暴雨。如果条件适宜，这个过程不断重复，气旋就会越来越大，当近中心区的风力达到8级以上的时候，便形成了台风。

台风漩涡直径大小为900～1000千米，最大可达2000千米，其状似蘑菇。在台风中心直径约10千米的范围内，由于高速气流的阻挡，外面的气流无法侵入，因而形成一个特殊的风力较弱的区域，即台风眼。但当台风眼很快移过时，最猛烈的风暴即顷刻而至。

台风是一种破坏力极大的灾害性天气系统，台风过境时往往带来狂风暴雨，引起海面巨浪，严重威胁航海安全。台风登陆后带来的风暴会冲毁庄稼及各种建筑设施，给人民的生命财产造成巨大的损失。

▲ 台风过后的栈桥

① 膨胀

膨胀是指当物体受热时，其中的粒子的运动速度就会加快，因此占据了额外的空间的现象。固体、气体、液体都会出现膨胀现象。膨胀有好有坏，例如温度计的使用就是利用液体膨胀的原理，而铁轨之间的缝隙则是为了使铁轨不被膨胀所破坏。

② 降雨量

降雨量是指从天空降落到地面上的雨水，未经蒸发、渗透、流失而在地面上积聚的水层深度。降雨量一般用雨量筒测定。把一个地方多年的年降雨量平均起来，就称为这个地方的"年平均降雨量"。

③ 赤道带

赤道带是位于北纬10°～18°和南纬0°～8°之间，全年气温高、风力微弱、蒸发旺盛的地带。赤道区域的海洋因赤道洋流引起海水垂直交换，所以下层营养盐类上升，生物养料比较丰富，鱼类较多。

24 风暴潮

▲ 风暴潮

　　美丽富饶的海洋是人类的巨大宝库，为人类提供了丰富的资源。它给予了人类及其环境巨大的恩惠，不过它也将灾难带给了人类，风暴潮就是海洋杀手家族中的重要成员。

　　风暴潮又称风暴增水、风暴海啸，是由于剧烈的大气扰动，如强风和气压骤变（通常指台风和温带气旋等灾害性天气系统），海水异常升降，使受其影响的海区的潮位大大地超过平常潮位的一种灾害性的自然现象。当它与天文潮叠加时，危害更大，会形成高水位的大浪，冲向海岸，势不可挡，形成潮灾。风暴潮不仅会给沿海居民造成巨大的生命财产损失，同时还会给沿海城市设施、港口建筑、滨海良田、海水养殖带来严重破坏。更为可怕的是，由风暴潮带来的瘟疫流行、农业歉收、水源破坏等一般会延续多年。

世界上许多国家，如孟加拉国、印度、日本、美国、澳大利亚及中国都经常遭受风暴潮的袭击，特别是孟加拉国更是一个多潮灾的国家。1970年，发生在孟加拉湾的风暴潮，曾使30万人丧生，成为近代史上因风暴潮死亡人数最多的一次。正是由于风暴潮威胁着沿海一带人民的生命财产安全，人们才把它看作是人类的灾星，称其为来自海上的"杀手"。

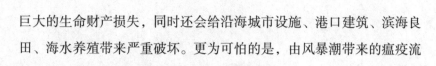

① 天文潮

天文潮，即受天文因素影响所产生的潮汐。它的高低潮位及出现时间具有规律性，可以根据月球、太阳和地球运行的规律进行推算。由月球引力产生的潮汐称太阴潮；由太阳引力产生的潮汐称太阳潮。

② 海水养殖

海水养殖是利用滩涂、浅海、港湾、围塘等海域进行饲养和繁殖海产经济动植物的生产方式，是人类定向利用海洋生物资源、发展海洋水产业的重要途径之一。海水养殖是水产业的重要组成部分，其养殖对象是鱼类、虾蟹类、贝类、藻类以及海参等其他经济动物。

③ 瘟疫

瘟疫是指由一些强烈致病性微生物，如细菌、病毒引起的传染病，通常是自然灾害后环境卫生不好而引起的。病情严重，对人类后代影响巨大的瘟疫有黑死病、鼠疫、天花、流感等。

25 风暴潮的成因

　　大多数风暴潮都是由台风作用引起的，所以有人说风暴潮和台风是一对孪生兄弟。台风风暴潮主要发生在夏秋季节，其特点是来势猛、速度快、强度大、破坏力强。1991年4月29日，恶魔似的孟加拉台风以每小时233千米的速度呼啸着席卷了孟加拉湾地区。随之而来的风暴潮以高达6米的巨浪冲破防波堤，吞噬了低洼的东南沿海地区，把孟加拉国第二大城市吉大港及周围的2000多个村庄变成了一片汪洋。灾区内所有的建筑物几乎全部被摧毁，各种车辆被掀翻在地，无数人和牲畜的尸体在泥水中漂浮着。作为孟加拉国主要经济支柱的养虾业被全部摧毁，受灾人口达1000万，其中死亡138万人，经济损失达15亿美元。

　　除台风风暴潮外，还有一种由温带风暴引起的温带风暴潮，主要发生在春秋季节，其特点是水位变化平缓，增水高度较小，危害也较小。

　　风暴潮是主要的海洋灾害。为了减少它给人类造成的灾害，人们加强了对它的研究和预报工作。如今，人们运用现代科学技术对风暴潮的发生机制、防灾减灾的研究已经取得了初步成效，防灾设施的建设也日臻完善。在不久的将来，风暴潮这个海上杀手终会在智慧勇敢的人类面前俯首称臣。

① 防波堤

防波堤是为阻断波浪的冲击力、围护港池、维持水面平稳以保护港口免受坏天气影响、以便船舶安全停泊和作业而修建的水中建筑物。它是人工掩护沿海港口的重要组成部分，还可起到防止港池淤积和波浪冲蚀岸线的作用。

▲ 风暴潮肆虐后的现场

② 洼地

洼地一般是指规模较小的地表局部低而平的地方或位于海平面以下的内陆低地。洼地因排水不良，中心部分常积水成湖泊、沼泽或盐沼。洼地还可以以盆地的形式呈现，这种洼地一般位于新生代的坳陷带上，加上处于内陆地区，因此干燥剥蚀作用很强。

③ 温带

热带和极圈之间的气候带为温带。本带内太阳高度和昼夜长短的变化都很大，太阳高度一年之中有一次由大到小的变化，气温也随之出现由高到低的变化。四季分明是其最大的特点。

26 海岸卫士红树林

红树林是地球上唯一的热带海岸淹水常绿树林，是一种独特的森林生态系统。红树林是红树植物群落的总称，其中以红树为主，还有红茄苳、秋茄、木果莲、角果木等，大都属于红树科植物，故统称红树林。

红树并不是一种红色的树，而是一种绿油油的冬夏常青树。它与一般的植物不同，它不怕又苦又咸的海水，就生长在海滩上，能在海水经常浸泡的情况下生长。红树繁殖的方式十分奇特，它的种子在树上发芽，长成幼苗，成熟后自行脱落，掉到海水里，像轮船抛锚一样插入泥沙中，几小时后就能生根，很快长成一株小红树。如果种子落下时正赶上涨潮，则随海水漂走，待到海水退潮时，便在适宜的泥沙中扎根生长。红树依靠这种奇特的繁殖方

▲ 红树林

式，久而久之逐渐形成了蔚为壮观的红树林。

由于海洋环境条件特殊，红树植物具有一系列特殊的生态和生理特征。为了防止海浪冲击，红树的主干一般不无限增长，而从枝干上长出很多支持根，这些支持根扎入泥滩，可以保持植株稳定。与此同时，从根部长出许多指状的气生根露出于海滩地面，便于进行呼吸。红树纵横交错的根系与茂密的树冠一起，筑起了一道绿色的海上长城。当海水涨潮时，红树林便成为水下森林；退潮时，盘根错节的树干立于浅滩之上，形态各异，别具一格。

① 热带雨林

热带雨林是地球上一种常见于热带地区的生物群系，主要分布于东南亚、南美洲亚马孙河流域、澳大利亚、非洲刚果河流域、中美洲、墨西哥和众多太平洋岛屿。热带雨林地区常年气候炎热，雨水充足，生物群落演替速度极快，拥有地球上过半数的动物、植物物种。

② 生态系统

生态系统指无机环境与生物群落构成的统一整体，其范围可大可小。无机环境是生态系统的基础，它直接影响着生态系统的形态；生物群落则反作用于无机环境，它既适应环境，又改变着周围的环境。

③ 群落

群落又称生物群落，是指具有直接或间接关系的多种生物种群的有规律的组合，具有复杂的种间关系。如在森林中，植物为生活在其中的动物提供栖息地和食物，而一些动物又可以以其他动物为食物，同时土壤中大量生存的微生物能分解动植物残骸并为植物提供大量养分，这一切便组成了一个生物群落。

27 保护红树林

▲ 惨遭砍伐的红树林

红树林与周围环境形成了特殊的生态系统。红树根多叶茂，不仅为海洋生物和鸟类提供了一个理想栖息地，掉落的树叶还为水中的生物提供了充足的食物。素有"海中森林"之称的红树林，是海洋生物生长、繁殖的良好场所，树上树下生机盎然，树上的鸟儿欢蹦乱叫，树下鱼虾成群。红树林不愧为鸟儿的天堂、鱼虾蟹贝的乐园。

红树林具有防浪护岸的作用。红树发达的根系能有效滞留陆地来沙，减少近岸海域的含沙量；茂密的枝体宛如一道道绿色长城，有效抵御风浪袭击，保护了沿海堤围和大片的农田农舍，改善了海岸和海滩的自然环境。

红树本身也具有较高的经济价值。它木质细密，是制作家具、乐器的好材料。它的叶子可做绿肥、饲料，果子可以食用，有些红树还是上等的药材。

　　然而，由于围海造陆、围海养殖、乱砍滥伐等人为因素，红树林遭到十分严重的破坏，并且周围水土大量流失，生态环境恶化。因此，保护红树林已成为人类的共识。为保护红树林，应加强环境保护宣传教育，提高保护红树林生物多样化重要性的认识；协调经济发展与自然保护区之间的矛盾，减少因区域经济发展给保护区带来的威胁和压力；完善红树林保护管理法规制度；开展人工造林，不断扩大红树林面积。

① 森林

　　森林有"人类文化的摇篮"和"绿色宝库"等美称，是一个树木密集生长的区域。这些植被覆盖了全球大部分的面积，是构成地球生物圈的一个重要方面。其结构复杂，具有丰富的物种和多种多样的功能。森林不仅可以提供木材、食物、药材等资源，还有改善空气质量、涵养水源、缓解"热岛效应"等作用。

② 繁殖

　　繁殖是生物为延续种族所进行的产生后代的生理过程，即生物产生新的个体的过程。已知的繁殖方法可分为两大类：无性繁殖和有性繁殖。无性繁殖的过程只牵涉一个个体，例如细菌用细胞分裂的方法进行无性繁殖。而有性繁殖则牵涉两个属于不同性别的个体，例如人类的繁殖就是一种有性繁殖。

③ 水土流失

　　水土流失是指在水力、重力、风力等外营力作用下，水土资源和土地生产力破坏和损失的现象，是由于不利的自然因素和人类不合理的经济活动所造成的地面上水和土离开原来的位置，流失到较低的地方，再经过坡面、沟壑汇集到江河河道内去的现象。

28 生命的摇篮

　　海洋是生命的摇篮，生命在这里诞生和发展，原始的单细胞生物完全在海水中繁衍进化。从单细胞生物到多细胞生物，从无脊椎动物到脊椎动物，从软骨鱼到硬骨鱼，从鱼类到两栖类，再到爬行类、鲸类、鸟类，一直到哺乳动物的灵长类，以至人类的诞生都离不开海洋。人类诞生以后，海洋为人类提供了多种多样的资源，成为人类巨大的天然宝库。而且，海洋也是地球上巨大的"空调机"，它影响着地球上的气候，调节着地球大气的温度和湿度。海洋中的巨量海水参与着地球上的水循环，才使得人类生存的陆地上有源源不断的淡水资源。海洋中的藻类每年产生360亿吨氧气，为大气中氧气含量的3/4，同时吸收着大气中2/3的二氧化

▲ 白鲸

碳，从而保持着大气中气体成分的平衡，维持着地球上的生命。没有海洋，人类在地球上就无法生存。

然而，近200年来，海洋环境不断恶化，越来越多的废物、污水、毒品、放射性物质随着江河奔泻入海。人类面临着前所未有的海洋污染的挑战。

① 细胞

细胞是生命活动的基本单位，可分为原核细胞和真核细胞。一般来说，绝大部分微生物（如细菌等）以及原生动物由一个细胞组成，即单细胞生物；高等动物与高等植物则是多细胞生物。世界上现存最大的细胞为鸵鸟的卵。

② 哺乳动物

哺乳动物是指脊椎动物哺乳纲中一类用肺呼吸的温血动物，因能通过乳腺分泌乳汁来给幼崽哺乳而得名。哺乳动物是动物世界中形态结构最高等、生理功能最完善、与人类关系最为密切的一个类群。中国的国宝大熊猫就是哺乳动物。

③ 单细胞生物

单细胞生物是指生物圈中那些肉眼很难看见，身体只有一个细胞的生物。第一个单细胞生物出现在35亿年前。单细胞生物在整个动物界中属最低等、最原始的动物，包括所有古细菌、真细菌和很多原生生物。

29 海洋污染

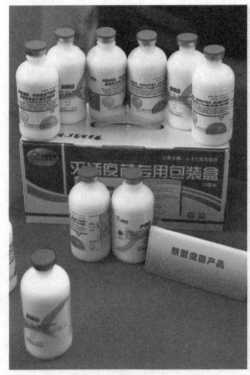

▲ 进入海洋的有害物质包括农药

一般认为，海洋污染是指由于人类活动改变了海洋原来的状态，人类和生物在海洋中的各种活动受到不利影响的现象。而政府海洋学会把海洋污染进一步定义为：人类直接或间接地把一些物质或能量引入海洋环境，以至于产生损害生物，危及人类健康，妨碍包括渔业活动在内的各种海洋活动，破坏海水的使用素质和舒适程度的有害影响。

海洋状态或海洋素质通常由物理、化学和生物三方面来表示。海水的温度、含盐量、颜色、透明度和密度等，为物理方面的状态或素质；化学组成、pH值（酸碱度）、溶解量、氧化还原电位等，是化学方面的状态或素质；生物方面的状态包括海洋中生物的种类、数量、生活状况和生物间的相互关系等。

因为人类活动进入海洋的有害物质主要有：城市生产与生活排出的废水和废弃物；农药和农业废弃物；港口、船舶和海上设施排污；放射性废弃物等。这些物质进入海洋后，破坏了海洋环境，损害了生物资源，危及人类健康。

① 酸碱度

酸碱度是指溶液的酸碱性强弱程度，通常用pH值来表示，是以0~14的数字来衡量酸碱程度的。pH值小于7为酸性，pH值等于7为中性，pH值大于7为碱性。人血液的正常pH值应在7.35~7.45之间，呈微碱性，如果血液pH值下降0.2，给机体的输氧量就会减少69.4%，会造成整个机体组织缺氧。

② 农药

农药是指在农业生产中，为保障、促进植物和农作物的成长所施用的杀虫、杀菌、杀灭有害动物（或杂草）的一类药物的统称。根据原料来源可分为有机农药、矿物农药、植物性农药、微生物农药等。

③ 港口

港口是具有水陆联运设备和条件，供船舶安全进出和停泊的运输枢纽。它是水陆交通的集结点和枢纽，工农业产品和外贸进出口物资的集散地，船舶停泊、装卸货物、上下旅客、补充给养的场所。由于港口是联系内陆腹地和海洋运输的一个天然界面，因此人们也把港口作为国际物流的一个特殊结点。

30 海洋污染现状

人类一贯把海洋当成"垃圾坑"，什么废水、废弃物，一个劲地往"垃圾坑"里倾倒。如今，海洋已经用各种方式向人类表示了愤怒。大面积赤潮、绿潮的频繁发生，这是海洋的愤怒和呻吟；死亡的鱼类、搁浅的鲸鱼、被毒死的海鸟以及海洋生物的大量减少（数量及种类的减少），这是海洋用生命给人类发出的警示。

当人类认识到自身所犯的巨大错误时，海洋已变得污浊不堪了。20世纪90年代，一个名叫GESAMP的海洋污染科学研究专家组向联合国提交了一份海洋污染评估报告。报告指出："从两极到赤道，从海滩到深海，化学污染和废物处处可见。"可见，海洋污染已经到了非常严重的程度。

目前，海洋污染最严重的是波罗的海、地中海、亚速海、濑户内海、东京湾、纽约湾、墨西哥湾、渤海湾等。在这些海域里，海洋生物大量减少，鱼、虾、贝类濒于绝迹，有的海域已变成没有生命的"死海"。

在上述海湾地带，由于海水流通不好，一些有害物质（例如汞、油污、富营养化物质）逐渐增加，污染物浓度越来越高，水质恶化，生态系统彻底失衡。

① 极地

极地是位于地球南北两端，纬度66.5°以上，常年被白雪覆盖的地方。昼夜长短会随四季的变化而改变是极地最大的特点。由于终年气温非常低，所以在极地几乎没有植物生长。

② 联合国

联合国是一个由主权国家组成的国际组织，其成立的标志是《联合国宪章》在1945年10月24日于美国加州旧金山签订生效。联合国致力于促进各国在国际法、国际安全、经济发展、社会进步、人权及实现世界和平方面的合作。

③ 亚速海

亚速海是乌克兰南部和俄罗斯西南岸之间的内陆海。面积3.88万平方千米，平均水深8米，最深13米，是世界上最浅的海。亚速海东、西岸低平，南、北岸较陡，沿岸多潟湖、沙嘴。

▲ 海滩污染

31 美国沿岸海域污染

▲ 很多海鱼因为污染已无法食用

美利坚合众国地处北美洲南部，东临大西洋，西濒太平洋，北接加拿大，南靠墨西哥和墨西哥湾，总面积962.91万平方千米，海岸线长22 680千米。美国本土的2/3左右属大西洋流域，科迪勒拉山系西部大部分地区属于太平洋流域。

美国东西海岸的海域有着得天独厚的海水自净能力，因为那里有强大的海流，海水的扩散、稀释能力很强。但由于大量工业废水和每年上万起漏油事件的发生，美国海岸水深2～5米的近海海域无一例外都遭到了严重污染。

美国向海洋排放的工业废弃物约占全世界的1/5，仅废水每年就达200亿吨，其耗氧量是一般城市废水的3～4倍，而且还含有浓度很高的氰化物、酚、砷等剧毒物质和铅、镉、铬、铜、汞等金属，以及总量为100多万居里的放射性物质。由于美国近岸海域污染严重，有8%的海滩出产的贝类不能食用，有87%的箭鱼体内汞的含量超过安全范围，而其他鱼体内的汞含量也很高。虽然美国当局已宣布有十几种鱼因汞污染不能食用，但美国目前仍有1/3的人口面临着汞中毒的危险。

① 扩散

扩散是指物质分子从高浓度区域向低浓度区域转移直到均匀分布的现象。扩散可以分为很多不同的种类，有些扩散需要介质，而有些则需要能量，因此不能将不同种类的扩散一概而论。扩散可以分为生物学扩散、化学扩散、物理学扩散。

② 放射性物质

某些物质的原子核能发生衰变，放出我们肉眼看不见也感觉不到，只能用专门的仪器才能探测到的射线，物质的这种性质叫放射性。放射性物质是那些能自然地向外辐射能量、发出射线的物质，一般都是原子质量很高的金属，如钚、铀等。放射性物质放出的射线有三种，分别是α射线、β射线和γ射线。

③ 汞

汞是在常温下唯一呈液态的金属元素，广泛地分布在地壳表层，在自然界里大部分汞与硫结合成硫化汞。元素汞基本无毒；无机汞中的升汞是剧毒物质；有机汞中的苯基汞分解较快，毒性不大；甲基汞进入人体很容易被吸收，不易降解，代谢很慢，特别容易在脑部积累，毒性较大。

③② 地中海海域污染

▲ 地中海中海胆几乎绝迹

地中海位于亚、非、欧三大洲之间，是一个东西长、南北窄的世界上最大的陆间海。从直布罗陀到伊斯肯德伦湾，东西长约4000千米，从锡尔特湾南端到亚得里亚海北端，南北最宽约1800千米，面积251万平方千米。地中海沿岸有18个国家和地区。地中海是沟通大西洋和印度洋的交通要道，西经直布罗陀海峡通往大西洋，东北以达达尼尔海峡、马尔马拉海和博斯普鲁斯海峡与黑海相连，东南经苏伊士运河、红海通达印度洋，战略地位十分重要。

地中海是全球最繁忙的水域之一，全世界30%的船只在这里航行，1.5亿居民在其沿岸居住。工商业的繁荣和人口的密集导致大量的污染物进入地中海。西班牙每天向这里倾倒2000～3000吨铅矿渣；法国一家铝加工厂每年倾入2000～3000吨废物，其中的氧化铁使该海域350米以下的深层海水变成红棕色，使鱼类不能生活，底栖动物也全部死亡。作为世界主要石油运输通道的地中海，由于油轮事故频发，近岸80%的海滩已被石油严重污染，藻类、蟹、软体动物和海胆等已经绝迹。

① 欧亚大陆

由于欧洲大陆和亚洲大陆是连在一起的，所以人们将其合称为欧亚大陆，又称亚欧大陆。从板块构造学说来看，欧亚大陆是由欧亚板块、印度板块、阿拉伯板块和东西伯利亚所在的北美板块组成的。

② 矿渣

矿渣是矿石经过选矿或冶炼后的残余物。矿渣在工业生产中发挥着重要的作用。利用矿渣可提炼加工矿渣水泥、矿渣微粉、矿渣粉、矿渣硅酸盐水泥、矿渣棉、高炉矿渣、粒化高炉矿渣粉、铜矿渣等。

③ 软体动物

软体动物是无脊椎动物，是除昆虫外种类最多、家族最复杂的类群，约7.5万种。软体动物的形态结构变异较大，但基本结构是相同的。其身体柔软，具有坚硬的外壳。由于硬壳会妨碍活动，所以它们的行动都相当缓慢。

33 波罗的海海域污染

波罗的海是欧洲北部的内海，北冰洋的边缘海，大西洋的属海，位于斯堪的纳维亚半岛与欧洲大陆之间。波罗的海海域封闭，仅西南部通过厄勒、卡特加特、斯卡格拉克等海峡与北海相连。面积约42.2万平方千米，平均水深86米，最深459米。因与外海海水交换量小，又有250多条河流注入，海水盐度一般为0.7%～0.8%，为世界上盐度最低的海。工业、航运的发展，在使波罗的海的战略地位变得越来越重要的同时，也使波罗的海遭受着越来越严重的污染。

波罗的海受重金属和农药等的严重污染，海域内有毒物质严重超标，鱼体内汞含量高达每千克1毫克以上，鱼、海豹体内双对氯苯基三氯乙烷（DDT）和多氯联苯的含量都很高。因为大量含磷洗涤剂及化肥中的磷进入波罗的海，该海域表层水的磷酸盐含量高达每升1～3微克，使浮游生物迅速繁殖，导致深层水溶解氧含量大大减少。因含氧量严重不足，在波罗的海的许多区域，大片海底已演化为"水下荒漠"，大量的海底植物和动物死亡。

在波罗的海，每年有相当多的过往船只向大海排泄废油，加上漏油事故频发，波罗的海正遭受越来越严重的油污染，每年有约15万只海鸟丧命于油污。保护波罗的海已刻不容缓。

▲ 被污染的海滩

① DDT

DDT又叫滴滴涕、二二三，化学名为双对氯苯基三氯乙烷，是一种白色晶体，不溶于水，溶于煤油，可制成乳剂，是有效的杀虫剂。但由于其对环境的污染过于严重，目前很多国家和地区已经禁止使用。

② 半岛

半岛是指陆地一半伸入海洋或湖泊，一半同大陆相连的地貌部分，一般三面被水包围。大的半岛主要是受地质构造断陷作用而形成的，其主要特点是水陆兼备，如果其他条件良好，就会成为人们所说的半岛优势圈。

③ 重金属

重金属是指比重大于5的金属，包括金、银、铜、铅等。空气、泥土、饮用水中都含有重金属。重金属在人体中累积达到一定程度，就会引起头痛、头晕、失眠、健忘、神经错乱、关节疼痛、结石等病症，尤其对消化系统、泌尿系统破坏严重。

34 中国海域污染

近20多年来，中国先后在渤海、黄海、东海和南海的大部分海域（40万平方千米海域）进行了多次大规模的海洋环境污染调查，所得的大量数据证明中国海域的污染情况是十分严重的，且污染多集中在沿海地区，特别是长江、珠江等三角洲以及工业比较发达的大城市沿岸。

▲ 渤海污染是最严重的

中国沿海地区分布着大量的各种类型的工矿企业，每年排入海中的各种废水不少于70亿吨，其中化工污水排放量最多，占总污水量的40%。据中国近海海域400多个观测站测定，水中石油、汞、镉、铅和COD（化学需氧量）大幅超标，说明中国近海海域已遭到比较严重的污染。其中石油超标的总面积达11.6万平方千米，占调查面积的33.7%。以各种污染物计，中国近海海域中污染最严重的是渤海。由于海水污染，渤海部分海域的渔场已经迁移，鱼群大量死亡，有些滩涂养殖场荒废，一些珍贵的海洋生物资源正在丧失。近年来，中国一些海洋学家和环境学家多次提出，如果不迅速控制和治理渤海的环境污染，渤海将会在不久的将来变成死海。

❶ 镉

镉是银白色有光泽的金属，和锌一同存在于自然界中。它是一种吸收中子的优良金属，制成棒条可在原子反应炉内减缓核子链式反应速率。当环境受到镉污染后，镉可在生物体内富集，通过食物链进入人体引起慢性中毒。

❷ 三角洲

三角洲，即河口冲积平原，是一种常见的地表地貌。它是河流入海或湖泊时，因流速降低，所携带泥沙大量沉积而逐渐发展形成的。从平面上看，其形状像三角形，顶部指向上游，底边为其外缘，所以叫三角洲。

❸ 渤海

渤海是中国的内海，三面环陆，在辽宁、河北、山东、天津三省一市之间。渤海海域面积为7.7万平方千米，平均水深18米，最大水深70米，20米以浅的海域面积占一半以上。渤海地处北温带，夏无酷暑，冬无严寒，多年平均气温为10.7℃。

35 日本近海污染

▲ 大量的工业废水最后都流入了大海

日本是亚洲东部太平洋上的一个群岛国家，西隔东海、黄海、朝鲜海峡、日本海同中国、朝鲜、俄罗斯相望，东临太平洋，全境由本州、北海道、九州、四国4个大岛和3900多个小岛组成，面积37.78万平方千米，其中本州岛面积22.74万平方千米，约占全国总面积的61%，是日本最重要的岛屿，海岸线总长将近3万千米。

由于褶皱和断层作用剧烈，加上外力作用的长期侵蚀切割，日本地形显得十分破碎，海岸曲折多港湾，沿岸海域与太平洋海水交换不良，容易受到污染。据科学家估计，日本每年将大约130亿吨含有各种化学毒物的工业废水排放入海，使几乎所有的近海海域，如东京湾、伊势湾、濑户内海、洞海湾等遭受严重污染。如今,日本沿岸海域的透明度显著下降,海水呈赤褐色,甚至黑色。全国大部分都处在污浊海水包围当中,成为世界上海洋污染严重的"公害列岛"。濑户内海是日本最大的内海,曾以山清水秀著称,但现在由于污染变成了巨大的脏水坑。日本海洋污染有50%都发生在濑户内海,曾经秀美的濑户内海现在变成了"死的海洋"。

① 群岛

群岛是群集的岛屿类型,是指集合的岛屿群体,彼此距离很近的许多岛屿的合称。世界上主要的群岛有50多个,分散在5个大洋中。根据成因,群岛可分为构造群岛、火山群岛、生物礁群岛、堡垒群岛。

② 断层

断层是岩体受力断裂后,两侧岩块沿断裂面发生显著位移的断裂构造。可按断层的位移性质分为上盘相对下降的正断层、上盘相对上升的逆断层和两盘沿断层走向作相对水平运动的平移断层。大的断层常常形成裂谷和陡崖,如中国华山北坡大断崖和东非大裂谷等。

③ 侵蚀

侵蚀是指在风、浪等因素的作用下,岸滩等暴露在外边或与这些因素相接触的部分,表面物质逐渐剥落分离的过程。侵蚀作用是自然界的一种自然现象;可分为风化、磨蚀、溶解、浪蚀、腐蚀以及搬运作用。

36 汞污染

在日本西部的九州岛，有一个名叫水俣的小镇。1950年初夏时节，就在这个风景秀丽的滨海小镇，发生了一起震惊世界的污染事件。

开始时，渔民发现海域中出现异常变化，有死鱼漂浮在海面上，还有鸟儿在飞翔过程中突然掉到海里毙命，同时大量的贝壳腐烂、海藻枯死。更奇怪的是出现了"猫自杀"的现象，即有些猫发疯痉挛，步态不稳，惊叫不止，最后跳进海里自杀而死。不久，有人出现了和猫类似的症状。患者开始口齿不清，面部呆滞，步态不稳，后来耳聋眼瞎，全身麻木，继而精神失常，一会儿昏睡，一会儿异常兴奋，最后全身蜷曲，在痛苦的叫喊中死去。最后，经查明，该病是由于甲基汞中毒引起的。水俣镇的甲基汞来源于一家氮肥公司。这家公司在生产乙醛和氯乙烯的过程中，将含甲基汞的废水排入水俣湾。水生生物摄入甲基汞并蓄积于体内，又通过食物链逐级富集。在污染的水体中，鱼体内的甲基汞要比水中高万倍，人们因食用污染水中的鱼、贝壳而中毒。甲基汞在人体肠道内极易被吸收并迅速进入全身各器官，尤其是肝和肾，其中只有15%到达脑组织。但首先受甲基汞损害的是脑组织，主要部位为大脑皮层和小脑，故该病有向心性视野缩小、运动失调、肢端感觉障碍等临床表现。

① 渔民

渔民就是靠渔业为生的人。渔民和农民最根本的不同在于生产资料的不同。生产资料是指劳动者进行生产时所需要使用的资源或工具。渔民捕鱼，所以渔民生产时所需要的生产资料是天然水面。

② 脑神经

脑神经又叫颅神经，共有12对，依次为嗅神经、视神经、动眼神经、滑车神经、三叉神经、展神经、面神经、位听神经、舌咽神经、迷走神经、副神经和舌下神经，其中三叉神经分别由眼神经、上颌神经和下颌神经组成。这些神经分管各自名字所体现的部位。

③ 水体污染

水体污染是一种由于污染物进入河流、海洋、湖泊或地下水等水体后，水体的水质和水体沉积物的物理性质、化学性质或生物群落组成发生变化，从而降低了水体的使用价值和使用功能的现象。

▲ 因污染而死亡的海鱼

37 海洋热污染

热污染是一种能量污染，是现代工业生产和生活中排放的废热所造成的环境污染。电力、冶金、化工、石油、造纸和机械工业等在生产过程中产生的废热有时会污染海洋，引起局部海水升温，造成海洋热污染，严重影响海洋生态环境。

据研究，热电厂在发电时，其所用燃料大约只有1/3用来发电，其余2/3变成废热，被排入大气或水体。核电厂产生的废热则更多，比一般电厂还要多50%。这些热水源源不断地排入大海中，必然会使部分海域的水温升高。水温升高，首先就会"殃及池鱼"，对水生生物产

▲ 热电厂会导致海洋热污染

生危害。一般鱼类在温度较高的水中都很难生存，因为水温的升高不仅会使海水溶解氧的能力降低，造成水中氧气不足，而且还会影响动植物的新陈代谢。因此，习惯于正常水温下生活的海洋生物，在水温升高后，有的死亡，有的则逃往别处。有些鱼因为被高温海水阻拦而不能到达产卵海区，焦急万分；有的鱼因为水温的升高不知所措，在错误的时间、错误的地点产卵，从而不能顺利地繁殖后代。水温的升高使某些喜温的生物大量繁殖，而一些经济鱼类、贝类的数量反而急剧减少，使局部海区原有的生态遭到破坏。这种现象通常在水温升高4℃以上时出现，所以人们把高于水温4℃以上的热水长年不断地流入的情形称为热污染。

① 核电厂 ▶

核电厂就是使用核能发电的工厂。核电厂利用的是铀或者钚的裂变反应，这种裂变反应的实际质能转换比例非常低，但是由于物质转化后的能量很大，也算是很高效的一种方式。

② 贝类 ▶

贝类属软体动物门中的瓣鳃纲或双壳纲，大多数品种均可食用。贝类肉质肥嫩，鲜美可口，营养丰富。贝类一般体外披有1～2块贝壳，现存1.1万种左右，其中80％生活于海洋中，常见的有牡蛎、贻贝、蛤、蛏等。

③ 新陈代谢 ▶

新陈代谢是指生物体与外界环境之间的物质和能量交换以及生物体内物质和能量的转变过程。它包括物质代谢和能量代谢两个方面。

38 海洋热污染的危害

海洋热污染现象在世界各地均有发生。美国佛罗里达半岛南端的迈阿密附近，有个叫土耳其角的地方，1969年，这里建成了一座大型发电厂。电厂投产后，每小时有12万多立方米的冷却水排入海湾。这些高温的冷却水可使60万平方米水域的表层海水温度由原来的30℃～31℃升高到33℃～35℃，使约12万平方米水域的表层水温升高到36℃左右，排水口附近的日平均水温则更高，达到40℃以上。整个海湾受其影响，温度高的水域达9平方千米。在海水温度升高4℃以上的约12万平方米的水域中，几乎找不到水生动植物，连常见的绿藻、红藻及褐藻都已绝迹，只剩下蓝绿藻。在水温升高的其他水域，动植物也显著减少，一些小虾和小螃蟹因温度升高而大量死亡。这只是海洋热污染的例子之一，但可以看出海洋热污染对海洋环境的影响是十分严重的，而对那些敏感生物来说，其危害是致命的。

海洋热污染有时也能带来一些好处，如在冬季，可以使某些生物免受冻害等。但总体看来，还是利少弊多，所以应该想方设法防止热污染。减少热污染的途径有提高发电效率、改进冷却方式及废热利用等。

▲ 虾因海水温度过高而大量死亡

① 蓝绿藻

蓝绿藻又叫蓝藻，是原核生物，没有细胞核的单细胞生物，是所有藻类生物中最简单、最原始的一种。蓝绿藻通常呈颗粒状或网状，染色质和色素均匀地分布在细胞质中。不同的蓝绿藻含有不同的色素，如叶绿素、蓝藻叶黄素、胡萝卜素、蓝藻藻蓝素及蓝藻藻红素等。

② 冷却

冷却是使热物体的温度降低而不发生相应变化的过程。冷却的方法通常有：直接冷却法，即直接将冰或冷水加入被冷却的物料中；间接冷却法，即将物料放在容器中，其热能经过器壁向周围介质自然散发，被冷却物料如果是液体或气体，可在间壁冷却器中进行。

③ 迈阿密

迈阿密位于美国佛罗里达州东南角比斯坎湾、佛罗里达大沼泽地和大西洋之间，是该州仅次于杰克逊维尔的第二大城市，是全美第四大都市圈，人口超过559万，拥有"美洲的首都"之称。迈阿密在金融、商业、媒体、娱乐、艺术和国际贸易等方面拥有重要的地位。

39 铅、铜污染

人类使用铅的历史已有长达4000多年的时间了。自从1924年开始使用四乙基铅作为汽油抗爆剂以来，大气中铅的浓度急剧增高，最终多数铅进入海洋。目前，世界大洋海水中含铅280万吨。现在海洋生物比几千年前的海洋生物体内铅的含量增加了大约20倍。海洋生物对铅的浓缩系数为5.5×10^3。铅对人体的毒害是积累性的，人体吸入的铅25%沉积在肺里，部分通过水的溶解作用进入血液。铅能影响人的神经系统和造血系统的功能，对儿童的健康损害最为严重，轻者导致智力低下，重者导致儿童因脑组织损害而死亡。

▲ 含铅污水是导致海水铅污染的主要因素

海洋重金属污染中，虽然铜对于生物体的危害较汞、铅等低，且微量的铜对海洋生物有利无害，但当铜的浓度积累到一定数量时，就表现出对生物体的毒害作用。例如海水在受到铜的污染后，可使牡蛎变绿，人吃了这种牡蛎就会呕吐和腹泻。

对于受重金属污染的海域，治理起来比较困难，所以应以预防为主，控制重金属污染源；改善生产工艺，回收废物、废水中的重金属，防止重金属的流失；经常对海域进行监测，贯彻有关环境保护法规。

① 神经系统

神经系统是机体内起主导作用的功能调节系统，由中枢部分及其外周部分所组成，分为中枢神经系统和周围神经系统两大部分。人体的结构与功能极为复杂，体内各器官、系统的功能和各种生理过程都不是各自孤立地进行，而是在神经系统的直接或间接调节控制下，互相联系、密切配合。

② 造血系统

造血系统主要包括卵黄囊、肝脏、脾、肾、胸腺、淋巴结和骨髓，是指机体内制造血液的整个系统，由造血器官和造血细胞组成。正常人体血细胞是在骨髓及淋巴组织内生成，且造血细胞均发生于胚胎的中胚层，随胚胎发育，造血中心转移。

③ 铅污染来源

铅对环境的污染，一是由冶炼、制造和使用铅制品的工矿企业，尤其是有色金属冶炼过程中所排出的含铅废水、废气和废渣造成的。二是由汽车排出的含铅废气造成的，这是铅污染的主要来源。

40 放射性污染

　　放射性污染主要指放射性物质泄漏后的遗留物对环境的破坏，包括原子尘埃、核辐射等本身引起的污染和这些物质污染环境后带来的次生污染，如被核物质污染的土壤、水源对动植物及人类的伤害。随着放射性物质在工业上的利用越来越广泛，海洋的放射性污染也越来越严重了。在海洋中，天然放射性物质大约有60种，它们不是人为产生的，不作为污染成分。

　　1944年，美国汉福特原子能工厂通过哥伦比亚河把大量人工核废料排入太平洋，从而开始了海洋的放射性污染。目前，放射性污染源主要有以下几种：

　　核武器在大气层或水下爆炸，使大量放射性物质进入海洋。核爆炸所产生的裂变核素和中子活化核素共有200多种，都可造成海洋污染。

　　向海洋投放放射性废物。美、英、日、荷等国从1946年以来，不断地向海洋（主要是太平洋和大西洋）投放不锈钢桶包装的固化放射性废物，目前发现有1/4的不锈钢桶已经破裂，很多放射性物质已经泄漏，造成海域污染。

　　核动力潜艇和核舰船在海上活动时，也有少量放射性废物泄入海中，造成海洋污染。

　　放射性沉降物通过食物链进入人体，在体内达到一定剂量时就会产生毒害作用。人会出现头晕、头疼、食欲不振等症状，发展下去会

▲ 核废料

出现白细胞和血小板减少等症状。如果超剂量的放射性物质长期作用于人体，就能使人患上肿瘤、白血病等疾病。

① 污染途径

放射性物质造成的污染，一种是产生放射性气溶胶等放射性污染物，对呼吸系统及人体体表产生危害；另一种是随风扩散产生的污染。无论是哪种，其污染程度都要视核泄漏严重程度而定。

② 元素

元素是化学元素的简称，是指自然界中100多种基本的金属和非金属物质。这些物质组成单一，用一般的化学方法不能使之分解，并且能构成一切物质。到2007年止，总共有118种元素被发现，其中94种存在于地球上。

③ 核武器

核武器是利用能自持进行核裂变或聚变反应释放的能量，产生爆炸作用，并具有大规模杀伤破坏效应的武器的总称。包括氢弹、原子弹、中子弹、三相弹、反物质弹等。目前，拥有核武器的国家有美国、俄罗斯、英国、印度、中国、法国、巴基斯坦等。

41 废物倾倒

所谓"倾倒"，是指人类通过船舶、航空器、平台或者其他载运工具，向海洋处置废弃物和其他有害物质的行为，包括弃置船舶、航空器、平台及其辅助设施和其他浮动工具的行为。污染物可以由陆地、海上和大气等途径进入海洋。

在陆地，河流沿岸的城市和厂矿将大量污染物排入河道，这些污染物经河水的输送进入海洋。此外，地处海岸的生产厂家和海滨城镇把排污口设在岸边，或将排污管道设置在海面以下，将污染物直接排放入海。从海上进入海洋的污染物质有以下几种：一是各类船舶排出的含油压舱水、洗舱水、机舱污水以及生活垃圾。二是海上石油平台排放的含油污水和钻井泥浆。三是通过专用运载船舶倾倒入海的港池、船道疏浚泥及其他固体、液体废弃物。四是海损事故，尤其是油轮因触礁、

▲ 伸向大海的排污口

搁浅或碰撞，以及海上石油钻井平台的井喷事故等，使石油等污染物泄漏入海。通过大气进入海洋的污染物主要有挥发性强的农药、二氧化硫和某些重金属。

据科学家统计，陆地上被冲入和倾入海洋中的废物占海洋污染源的44%，大气中的降尘占33%，海上运输占12%，船上废弃物的倾倒占10%，沿海石油、天然气泄漏占1%。

为了保护海洋，1972年在伦敦召开了关于海上倾倒废物公约的政府间会议，会议通过了《防止倾倒废物及其他物质污染海洋的公约》。

① 发酵

发酵是指细菌和酵母等微生物在无氧条件下酶促降解糖分子产生能量的过程。它是人类较早接触的一种生物化学反应，如今在食品工业、生物和化学工业中均有广泛应用。

② 降尘

降尘又称落尘，指空气动力学当量直径大于10微米的固体颗粒物。降尘在空气中沉降较快，故不易进入呼吸道，但易导致土地沙化。其自然沉降能力主要取决于自重和粒径大小。降尘是反映大气尘粒污染的主要指标之一。

③ 海上倾倒废物公约

《防止倾倒废物及其他物质污染海洋的公约》通常简称"1972年伦敦倾废公约"或"伦敦公约"，1972年12月29日签订于伦敦。该公约于1975年8月30日生效，1985年12月15日对中国生效。

42 微生物污染

　　联合国1987年的一份研究报告表明，在涉及世界大多数海域的10个地方海域的调查项目中，大多数项目认为，海洋微生物污染最令人揪心。尽管这一情况在较早时候就提出过，但是没有得到人们的重视。

　　城市排放的污水，几乎都含有病原体微生物，如细菌、病毒、原生动物、蠕虫等。这些污水会导致菌痢、虫痢、霍乱、伤寒、副伤寒、沙门氏菌胃肠炎、传染性肝炎、病毒性肠炎和其他疾病的发生。未经处理的污水中病原体的数量取决于排出污水地区的人口健康状况，在有地方性水域污染疾病的国家中，数字可能要高很多。

　　过去，有人认为病原体在海水中只能生存几天，但近期的调查发现，在污水排出后17个月，海水中依然存在有活力的病原体。

　　使人感染上病原体的媒介通常是水生贝壳，但食用其他海产品、在娱乐活动中接触污染的海水也有机会感染上病原体。据报道，雅加达沿海水域的鱼、贝壳都含有病原体；在马六甲海峡，贝壳体内含有高致病性大肠杆菌；在泰国海湾，牡蛎和贻贝已受到海水污染。

　　防止海洋微生物污染，一是严格控制污水的排放，二是建立污水处理厂，加强对污水的处理，争取污水的再利用。

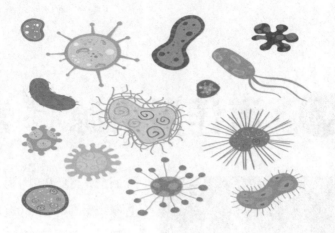

▲ 微生物

❶ 病毒

病毒是一类个体微小，结构简单，只含单一核酸，必须在活细胞内寄生并以复制方式增殖的非细胞型微生物。病毒同所有生物一样，具有遗传、变异、进化的能力，并且具有高度的寄生性。

❷ 原生动物

原生动物是动物界中最低等的一类真核单细胞动物，由单个细胞组成。原生动物形体微小，最小的只有2～3微米，一般在10～200微米之间，除海洋有孔虫个别种类可达10厘米外，最大的约2毫米。原生动物一般以有性和无性两种世代相互交替的方法进行生殖。

❸ 病原体

病原体又称病原微生物，是指可以侵犯人体，引起感染甚至传染病的微生物。病原体侵入人体后，人体就是病原体生存的场所，医学上称为病原体的宿主。病原体中，以细菌和病毒的危害性最大。病原微生物包括朊毒体、寄生虫、真菌、细菌、螺旋体、支原体、立克次氏体、衣原体、病毒等。

43 海洋污染源探索

▲ 海港建设破坏了局部海洋生态

目前，污染和破坏海洋环境的因素主要有以下几个方面：

第一，陆源污染物。以中国沿海地区为例，每年排放入海的工业污水和生活污水约60亿吨。

第二，船舶排放的污染物。海洋里拥有大量万吨级、十万吨级甚至百万吨级的船只，它们把大量含油污水排放入海。如1979年，巴西油轮在青岛油码头作业，一次跑油380吨。

第三，海洋石油勘探开发造成的污染。如中国沿海分布着很多大油田和石油化工厂，跑、冒、滴、漏的石油数量很可观，每年有10多万吨石油入海。

第四，人工倾倒废物入海。过去人们把海洋当作大"垃圾箱"，直接把垃圾、矿渣、炉渣甚至核废料倾倒入海。有的虽然只是将废物堆放在海岸上，但遇到下雨这些废物就会随雨水入海。

第五，不合理的海洋工程兴建和海洋开发，使一些深水港和航道淤积，局部海域生态环境遭到破坏。

　　海洋环境被污染后，其危害难以在短时间内消除。因为治理海域污染比治理陆上污染所花费的时间要长，技术上要复杂，难度要大，投资也高，而且不易收到良好的效果，所以保护海洋环境，应以预防为主，防治结合。

① 巴西

　　巴西联邦共和国是拉丁美洲最大的国家，东临南大西洋，北面和南面与其他南美国家接壤，人口居世界第五，面积居世界第五。巴西的地形主要分为两大部分：一部分是海拔在500米以上的巴西高原，分布在巴西的南部；另一部分是海拔在200米以下的平原，主要分布在北部的亚马孙河流域和西部。

② 油轮

　　油轮是油船的俗称，是指载运散装石油或成品油的液货运输船舶。油轮的甲板非常平，除驾驶舱外几乎没有其他耸立在甲板上的东西。油轮不需要甲板上的吊车来装卸它的货物，只在中部有一个小吊车。这个吊车的用途在于将码头上的管道吊到油轮上来与油轮上的管道系统接到一起。

③ 码头

　　码头又称渡头，是海边、江河边专供乘客上下、货物装卸的建筑物。按其用途可分为客运码头、货运码头、汽车码头、集装箱码头、石油码头、海军码头。码头结构形式有重力式、高桩式和板桩式，主要根据使用要求、自然条件和施工条件综合考虑确定。

 海洋污染特点（一）

　　广阔、富饶的海洋是地球生命的发源地，是人类的资源宝库，是人类社会得以繁荣兴旺的重要支柱。然而，人类对海洋却没抱感恩之心，将大量的废水、垃圾、有害物质倾倒入海，给海洋带来严重的污染。

　　海洋的污染主要发生在靠近大陆的海湾。由于密集的人口和工业，大量的废水和固体废物倾入海洋，加上海岸曲折造成水流交换不畅，使得海水的温度、pH值、含盐量、透明度、生物种类和数量等性状发生改变，对海洋的生态平衡构成危害。目前，海洋污染突出表现为石油污染、赤潮、有毒物质积累、塑料污染和核污染等几个方面。

　　海洋污染有其自身的特点，它最显著的特点就是污染源多而复杂。例如海上航行的船只、海上油井都会造成海洋污染。据有关资料表明，每年有1000万～1500万吨石油排入海洋。陆地城市、工矿企业、农业生产、居民生活的污染物最后大都排入了海洋。陆地上的污染物可以通过排污管道和河流进入海洋，也可以随地表径流入海。有人统计，每年有41亿立方米污水携带着200亿吨悬浮物质和溶解盐类流入海洋，仅排入地中海的有机物每年大约就有330万吨。大气中的污染物可随气流运行到海洋上空再通过降雨进入海洋，如海水中检测到的DDT大都是通过大气进入海洋的。

① 河口

河口，即河流的终段，是河流和受水体的结合地段。因受水体可能是海洋、河流、湖泊及水库等，所以河口可分为入海河口、支流河口、入湖河口和入库河口等。中国的入海河口众多，类型复杂，自1950年以来，围绕河口的开发和治理，有关部门进行了较系统的调查和研究。

② 环境质量

环境质量一般是指一定范围内环境的总体或环境的某些要素对人类生存、生活和发展的适宜程度，是反映人类的具体要求而形成的对环境评定的一种概念。随着环境问题的突显，常用环境质量的好坏来表示环境遭受污染的程度。

③ 油井

油井是为开采石油，按油田开发规划的布井系统所钻的石油由井底上升到井口的通道。一般油井在钻达油层后，下入油层套管，并在套管与井壁间的环形空间注入油井水泥，以维护井壁和封闭油、气、水层，后按油田开发的要求用射孔枪射开油层，形成通道。

▲ 固体废弃物污染水体

45 海洋污染特点（二）

▲ 海上漂浮的石油桶

　　海洋污染具有持续时间长、危害大的特点。海洋位于生物圈的最底部，污染物进入海洋后，很难再转移出去。不能溶解或不易分解的污染物，如金属和有机氯农药等，便在海洋中积累起来，数量逐年增多，并且还可通过迁移转化扩大危害。据统计，目前已有100万吨以上的DDT进入海洋，被海洋生物所富集，对人类构成了潜在的威胁。海洋中的许多污染物可以通过生物体以食物链传递和富集。某些海洋生物还可增大一些本来毒性就很强的有机物的危害性。此外，包装起来投放到海底的有毒废物，因容器经过海水长期的腐蚀而破损，最后也进入海洋。

　　海洋污染的另一个特点是污染扩散范围极大。世界海洋是相互连通的，海水又处于不停的运动之中，因此污染物可以扩散到世界海洋的任何角落。如在日本周围海域漂浮的沥青团块，由于黑潮搬运，出现在美国和加拿大西海岸的沙滩上。在海水中为数不多的多氯联苯，现在既能从北冰洋和南极洲捕获的鲸鱼体内检出，也能在太平洋复活节岛附近的浮游生物体内检测到。由此可见，多氯联苯这种污染物已由近岸扩散到远洋。

① 生物圈

　　根据目前的认识，生物圈是指海平面以下约11千米到海平面以上十几千米的范围。生物圈通常分为三层，上层是大气圈的一部分，中层是水圈，下层是岩石圈的一部分。这三层构成了地球上生命活动的主要阵地。

② 食物链

　　食物链就是生态系统中贮存于有机物中的化学能在生态系统中的层层传导。简单地说，就是各种生物通过一系列吃与被吃的关系紧密地联系起来，并组成生物之间以食物营养关系彼此联系起来的系列。

③ 沥青

　　沥青是由不同分子量的碳氢化合物及其非金属衍生物组成的黑褐色复杂混合物，呈液态、半固态或固态，是一种防水、防潮和防腐的有机胶凝材料。沥青不溶于水，可燃，具刺激性，对环境有危害。

46 赤潮

赤潮是在特定的环境条件下，海水中某些浮游植物、原生动物或细菌爆发性增殖或高度聚集而引起水体变色的一种有害生态现象。赤潮是一个历史沿用名，它并不一定都是红色。

赤潮已成为一种世界性的公害，美国、日本、中国、加拿大、法国、瑞典、挪威、菲律宾、印度、印度尼西亚、马来西亚、韩国等30多个国家赤潮发生都很频繁。大量赤潮生物繁殖时，会集聚于鱼类的鳃部，使鱼类因缺氧而窒息死亡。而且赤潮生物死亡后，藻体在分解过程中会大量消耗水中的溶解氧，也会导致鱼类及其他海洋生物因缺氧而死亡，同时还会释放出大量有害气体和毒素，严重污染海洋环境，使海洋的正常生态系统遭到严重的破坏。

赤潮是一种复杂的生态异常现象，发生的原因也比

▲ 赤潮

较复杂，但是海水富营养化是赤潮发生的物质基础和首要条件。城市工业废水和生活污水大量排入海中，使营养物质在水体中富集，造成海域富营养化。此时，水域中氮、磷等营养盐类，铁、锰等微量元素以及有机化合物的含量大大增加，促使赤潮生物大量繁殖。检测结果表明，赤潮发生海域的水体均已遭到严重污染，氮、磷等营养盐物质大大超标。

目前，在防范赤潮工作方面，有些国家正在建立赤潮防治和监测、监视系统，对有迹象出现赤潮的海区，进行连续的跟踪监测，对已发生赤潮的海区则采取必要的防范措施。

① 赤潮发生的特点

赤潮发生的特点有：时段长，高发期集中，持续时间长；大面积赤潮增加，区域集中；有毒有害藻类增加。

② 溶解氧

空气中的分子态氧溶解在水中称为溶解氧，其含量与水温、氧分压、盐度、水生生物的活动和耗氧有机物浓度有关。溶解氧值是研究水自净能力的一种依据。水里的溶解氧被消耗，要恢复到初始状态，所需时间短，说明该水体的自净能力强，或者说水体污染不严重。

③ 藻类

藻类是原生生物界一类真核生物，体型大小各异，有1微米的单细胞鞭毛藻，也有长达60米的大型褐藻，主要为水生，无维管束，能进行光合作用。藻类植物并不是一个纯一的类群，各分类系统对它的分门也不尽一致，一般分为蓝藻门、金藻门、眼虫藻门、甲藻门、褐藻门、绿藻门、红藻门等。

47 海洋油污染

造成海洋油污染的首要因素是石油海上运输。目前，世界上有60%以上的石油是经海上运输的，许多油轮承载量巨大，万吨级油轮比比皆是，十万吨级的油轮也屡见不鲜。航行在世界各大洋和近岸海域的油轮，在行驶中由于触礁、碰撞、失火等事故，往往把所运载的石油部分或全部倾入大海，从而造成难以挽回的海洋石油污染，给当地海域环境造成危害。自1970年以来，全球发生泄油事故1000多起，几乎每年都会发生一次万吨级油轮泄油事故。

除事故外，压舱水、洗舱水以及机械运转过程中含燃料油和润滑油污水的排放也会造成海洋油污染。另一个石油污染海洋的途径是近海石油开采。全世界每年因海底油田开发和井喷事故而涌入海洋的石油可达100多万吨。

全世界每年由于船舶运输过程中的漏油、排污，近海石油开采中的溢油、井喷以及海难事故等流入海洋的石油约有1000万吨，这不仅造成了巨大的经济损失，更严重的是造成了海洋石油污染，对海洋生态环境形成危害，其损失是无法估量的。

① 压舱水

压舱水是为了保持船舶平衡而专门注入的水。全世界每年约有100

亿吨压舱水随着船只在不同港口装卸货物而进行抽取及排放。每天有超过3000种的海洋植物和动物随着压舱水而离开原生地，这对生态系统构成了严重的威胁。

▲ 海洋油污染

② 井喷

井喷是钻井过程中地层流体（石油、天然气、水等）的压力大于井内压力而大量涌入井筒，并从井口无控制地喷出的现象。由喷发时巨大的压力和冲击波所造成的人员伤亡和财产损失就是井喷事故。井喷事故一旦出现，往往产生严重后果，必须采取严密的预防措施。

③ 海难

海难是船舶在海上遭遇自然灾害或其他意外事故所造成的危难。造成海难的事故种类很多，大致有船舶搁浅、碰撞、触礁、爆炸、火灾、船舶失踪，以及船舶主机和设备损坏而无法自修以致船舶失控等。

48 油污下的生物

▲ 油污在水面形成的油膜

石油污染海洋，最大的直接受害者就是海水中的生物。污染严重时，将导致海洋生物大批死亡。

石油比水轻又不溶于水，因此当石油进入海洋后，会形成大片大片的油膜覆盖于海面上。人们曾经计算过，如果1吨石油排入海中，以每小时100～300米的速度扩散，最终可覆盖几平方千米的水面，而且这种污染通常可持续3～12个月。

海面上形成一层油膜，将大气与海面隔开，使水体与大气的气体交换停止，同时阻止了大气中的氧溶解于水，加上石油的生物分解和它自身的氧化作用要消耗大量的溶解氧（据研究，1升石油完成氧化需要消耗40万升海水所含的溶解氧），这样大量石油涌入海洋势必造成海水中严重缺氧，使海水中的生物大批死亡。

此外，油膜吸收大量的阳光辐射，会阻碍海水的蒸发，影响大气和海洋的热交换，造成海水温度升高，导致气候异常，从而影响海洋绿色植物的光合作用，引起海洋生物数量的减少。

石油污染海洋，首当其冲的就是浮游生物，而浮游生物是海洋中其他动物的食物来源，处在海洋食物链的最底层。浮游生物由于污染受到损害，破坏了海洋生物的食物链，这就等于从根本上动摇了整个海洋生物"大厦"的基础，其危害之大不言而喻。

① 海洋植物

海洋植物是海洋中利用叶绿素进行光合作用以生产有机物的自养型生物。海洋植物的形态复杂，既有2～3微米的单细胞金藻，也有长达60多米的多细胞巨型褐藻；既有简单的群体、丝状体，也有具有维管束和胚胎等体态构造复杂的乔木。

② 大气

从环境学角度来看，大气是包围地球的气体。大气主要由78%的氮气、21%的氧气、0.94%的稀有气体、0.03%的二氧化碳、0.03%的其他气体和水蒸气、杂质等共同组成。

③ 溶解

溶解在广义上讲，是两种或两种以上物质混合而成为一个分子状态的均匀相的过程；狭义上则是一种液体与固体、液体或气体产生化学反应使其成为一个分子状态的均匀相的过程。溶质溶解于溶剂中就形成了溶液，溶液并不一定为液体，也可以是固体、气体。

49 海洋动物遭劫难

对于浮游生物来说，一旦海面上有油膜存在，由于得不到充足阳光，光合作用就会减弱，生命力随之下降。如果遇上漂浮在海面上的黏稠的石油，就会被紧紧黏住，失去自由活动的能力，最后随油块一起被冲上海滩或沉入海底。

海洋中的鱼贝等多数生物对石油污染十分敏感。据海洋生物学家研究，每升水中含油0.01～0.1毫升时，就会对海洋生物产生有害影响。有人做过实验，将比目鱼的鱼卵放入每升含石油$1 \times 10^{-3} \sim 1 \times 10^{-2}$毫升的海水中，经两昼夜即死亡；当每升水含油$1 \times 10^{-5} \sim 1 \times 10^{-4}$毫升时，到出壳时只有55%～89%的鱼卵有生活能力，而孵化出的幼鱼多数是畸形的，生命力很弱，可见石油污染对鱼卵和子鱼的威胁极大。"托雷·卡尼翁"号油船泄漏在海面上形成的油污，造成当地鲱鱼卵有50%～90%死亡，而幼鱼也濒于绝迹。溶解在海水中的石油还可通过鱼鳃或体表进入鱼体，并在鱼体内蓄积起来，损害鱼的各种组织和器官。

甲壳类动物和某些海洋底栖生物对石油污染也比较敏感，一般百万分之一的浓度就可能导致它们死亡。海獭、麝香鼠等海兽也是石油污染的受害者，油膜沾污其皮毛可使它们丧失防水本领和保温能力。至于海豚、鲸等体表无毛的海兽，石油虽然不能直接将其致死，但是油块也能堵塞它们的呼吸器官，妨碍其呼吸，严重者可致其死亡。

① 鱼卵

鱼卵指的是鱼类的卵，即鱼子。有一部分鱼卵可以食用，包括明太鱼子、鲑鱼卵等。鱼卵含有蛋白质及丰富的DHA、EPA，此外还含有部分维生素和矿物质。从营养的角度来说，孩子吃些鱼子是无妨的，但要注意老人应尽量少吃，因为鱼子富含胆固醇，老人多吃无益。

② 海兽

海兽又称海洋哺乳动物，主要包括哺乳纲中鲸目、鳍脚目、海牛目以及食肉目的海獭等种类，是重要的水产经济动物。海兽分布在南北两极到接近赤道的世界各大洋中，以大西洋北部、太平洋北部、北冰洋等占优势。

③ 鱼鳃

鱼的呼吸系统是鳃。在鱼头部两侧，分别有两块很大的鳃盖，鳃盖里面的空腔叫鳃腔。掀起鳃盖，可以看见在咽喉两侧各有四个鳃，每个鳃又分成两排鳃片，每排鳃片由许多鳃丝排列组成，每根鳃丝的两侧又生出许多细小的鳃小片。

▲ 扇贝对石油污染极其敏感

50 油膜杀死海鸟

　　海洋石油污染像个黑色的恶魔，到处张牙舞爪，它不仅危害着鱼类、浮游生物等生活在海水中的生物，连会飞的海鸟也未能免受其害。

　　海鸟的羽毛虽然具有防水性能，但它却是亲油的。原油会把大量的海鸟困在油污中。一旦羽毛沾上油污，海鸟就无法承受沾在身上的原油的重量，无法飞走，于是被滞留在油污中，或窒息，或溺毙。在海鸟中，石油污染对海鸭、潜水鸟等飞翔能力差和无飞翔能力的企鹅等危害最大。在污染的海水中，当这些水鸟浮游在海面上时，油污就

▲ 油膜会杀死海鸟

会沾满它们的背部和翅膀，破坏羽毛组织，使得海水能够进入平时充满空气的羽毛空隙，从而降低羽毛的隔热性能和浮力，使海鸟的游泳能力和飞翔能力大大降低。

当石油污染不太严重时，海鸟身上沾着的石油较少，这时它们可以勉强游到岸上来，不过因为其羽毛失去了御寒的能力，最后可能会被冻死。当它们用嘴去整理羽毛时，沾在身上的油污便会进入海鸟体内。高毒性的油污进入海鸟的消化系统，会严重刺激其胃肠，使肝内脂肪变化和胃上腺扩大，从而影响海鸟的食欲，最后导致其饿死。

① 羽毛

羽毛是禽类表皮细胞衍生的角质化产物，被覆在体表，质轻而韧，略有弹性，具防水性，有护体、保温、飞翔等功能。鸟的羽毛轻而耐磨，是热的不良导体。加工精选的羽毛洁净而具光泽，有较高的经济价值。

② 潜水

潜水的原意是为进行水下打捞、查勘、修理和水下工程等作业，而在携带或不携带专业工具的情况下进入水面以下的活动，后来逐渐发展成为一项以水下活动为主要内容，从而达到锻炼身体、休闲娱乐目的的休闲运动，广为大众所喜爱。

③ 消化系统

消化系统是由消化管和消化腺两大部分组成的。消化系统的基本生理功能是摄取、转运、消化食物和吸收营养、排泄废物。机械性消化和化学性消化两个功能同时进行，共同完成消化过程。

51 携手控制海洋污染

　　目前，虽然许多海域都发生了不同程度的污染，但是采取治理和补救措施仍是十分必要的。人类污染了海洋，就有责任还它一个清洁、明澈的面貌，要对未来、对子孙后代负责。美国、瑞典等国家经过多年的努力，使一些海域中的鱼、贝等动物体内DDT的含量下降，表明了海洋环境污染治理的可行性。法国、英国等沿海受到破坏的牡蛎床正在恢复原有的生态环境，也说明了海洋环境污染的治理是可能的。在治理过程中，人们有了一个共识，那就是保护海洋环境的策略必须得到更广泛的认同，所有国家都应携起手来，共同对付污水、径流等污染源。其中，国际间的公约和地区或国家的相关政策显得特别重要。

　　自20世纪50年代开始，多国间通过了一系列公约，如《国际防止海洋油污染公约》（1954年，伦敦）、《国际干预公海油污事故公约》（1969年，布鲁塞尔）、《处理北海石油污染合作协议》（1969年，波恩）、《国际石油污染损失民事赔偿责任公约》（1969年，布鲁塞尔）、《设立国际石油污染损害赔偿基金公约》（1971年，布鲁塞尔）、《防止倾倒废物和其他物质污染海洋的公约》（1972年，伦敦）等。

▲ 牡蛎床

① 公海

公海在国际法上指不包括国家领海或内水的全部海域。公海供所有国家平等地共同使用。它不是任何国家领土的组成部分，因而不处于任何国家的主权之下。任何国家不得将公海的任何部分据为己有，不得对公海本身行使管辖权。

② 径流

径流是水文循环中一个重要的环节。按水流来源可将其分为降雨径流和融水径流；按流动方式可分为地表径流和地下径流；按水流中所含物质可分为固体径流和离子径流。

③ 瑞典

瑞典位于北欧斯堪的纳维亚半岛的东南部，面积约45万平方千米，是北欧最大的国家。瑞典在两次世界大战中都宣布中立，1950年5月9日同中国建交，是高度发达的先进国家，国民享有高标准的生活品质。

52 防止海洋污染（一）

　　海洋的污染是由多种因素造成的，是一个长期积累、逐渐由量变到质变的过程，因此只抓单项治理是不能真正解决海洋污染问题的。

　　防止和控制沿海工业污染物污染海域环境。调整产业结构和产品结构，转变经济增长方式，发展循环经济。加强重点工业污染源的治理，推行全过程清洁生产，采用高新技术改造传统产业，改变生产工艺和流程，减少工业废物的产生量，增加工业废物资源再利用率。按照"谁污染，谁负担"的原则，进行专业处理和就地处理，禁止工业污染源中有毒有害物质的排放，彻底杜绝未经处理的工业废水直接入海。实行污染物排放总量控制和排污许可证制度。

　　防止和控制沿海城市污染物污染海域环境。调整不合理的城镇规划，加强城镇绿化和城镇沿岸海防林建

▲ 保护滨海湿地

设，保护滨海湿地，加快沿海城镇污水收集管网和生活污水处理设施的建设，增加城镇污水收集和处理能力，提高城镇污水处理设施脱氮和脱磷能力。

防止、减轻和控制沿海农业污染物污染海域环境。积极发展生态农业，控制土壤侵蚀，减少农业面源污染负荷。严格控制环境敏感海域的陆地汇水区畜禽养殖密度、规模，建立养殖场集中控制区，规范畜禽养殖场管理，有效处理养殖场污染物，严格执行废物排放标准并限期达标。

① 排污许可证制度

排污许可证制度是指凡是需要向环境排放各种污染物的单位或个人，都必须事先向环保部门办理申领排污许可证手续，经环保部门批准后获得排污许可证才能向环境排放污染物的制度。

② 湿地

湿地是指濒临江、河、湖、海或位于内陆，并长期受水浸泡的洼地、沼泽和滩涂的统称。湿地和森林、海洋并称为全球三大生态系统。

③ 面源污染

面源污染也称非点源污染，是指污染物从非特定地点，在降水或融雪的冲刷作用下，通过径流而汇入受纳水体并引起有机污染、水体富营养化或有毒有害等其他形式的污染。与点源污染相比，它具有很大的随机性、不稳定性和复杂性。

 53 防止海洋污染（二）

防止海洋污染和生态破坏，维护海洋生态系统的良性循环是世界各国环境保护工作的重要内容。

防止、减轻和控制船舶污染物污染海域环境。启动船舶油类物质污染物"零排放"计划，实施船舶排污设备铅封制度，加强渔港、渔船的污染防治。建立大型港口废水、废油、废渣回收与处理系统，实现交通运输和渔业船只排放的污染物集中回收、岸上处理、达标排放。制定海上船舶溢油和有毒化学品泄漏应急计划，制定港口环境污染事故应急计划，防止、减少突发性污染事故发生。

防止、减轻和控制海上养殖污染。建立海上养殖区环境管理制度和标准，编制海域养殖区域规划，合理控制海域养殖密度和面积，建立各种清洁养殖模式，控制养殖业药物投放，通过实施各种养殖水域的生态修复工程和示范，改善被污染和正在被污染的水产养殖环境，减轻或控制海域养殖业引起的海域环境污染。

防止和控制海上石油平台产生石油类等污染物及生活垃圾对海洋环境的污染。在钻井、采油、作业平台应配备油污水、生活污水处理设施，使之全部达标排放。海洋石油勘探开发应制定溢油应急方案。

防止和控制海上倾废污染。严格管理和控制向海洋倾倒废弃物，禁止向海上倾倒放射性废物和有害物质。

① 良性循环

良性循环，即生态系统中生物与环境间物质循环呈持续发展的过程。良性循环是社会发展的进步现象，无论在任何方面，只要对国家、对人民有利，良性循环都应该正面引导，大力扶持。

② 污染源

污染源是指造成环境污染的污染物发生源，通常指向环境排放有害物质或对环境产生有害影响的场所、设备、装置或人体。自然界自行向环境排放有害物质或造成有害影响的场所，称为天然污染源。而人类社会活动所形成的污染源就叫作人为污染源。

③ 生态修复

生态修复是指对生态系统停止人为干扰，以减轻负荷压力，依靠生态系统的自我调节能力与自我组织能力使其向有序的方向进行演化，或者利用生态系统的自我恢复能力，辅以人工措施，使遭到破坏的生态系统逐步恢复。

▲ 生活污水处理设施

54 海洋自然保护区

▲ 珊瑚礁自然保护区

　　1990年10月，根据中国近海海域的环境状况，国务院批准建立了首批国家级海洋自然保护区。海洋自然保护区是指为保护海洋自然资源与环境，在海域、海岛、海岸带及河口区，划出一定范围，作为特殊保护的区域。中国拥有丰富的海洋资源、优美的自然景观和多种类型的海洋生态系统，以及闻名于世的珍稀海洋生物，但是一些海域污染不断发生，部分海洋工程损害了自然资源和景观，所以建立和建设海洋自然保护区势在必行。

　　昌黎黄金海岸自然保护区，位于河北省昌黎县，总面积约300平方千米，拥有世界上罕见的分布于林间的高达三四十米的黄金沙丘。此处海滩开阔，坡缓，沙细，水清，潮差小，是难得的滨海旅游胜地。

　　南麂列岛海洋自然保护区，位于浙江省平阳县，总面积196平方千米，拥有贝类344种，约占全国贝类种数的30%；底栖海藻174种，约占全国海藻种数的20%。它是中国近海贝类藻类物种的基因库。

三亚珊瑚海岸自然保护区，位于海南省三亚市，总面积40平方千米，水质良好，海水透明度高，水下分布着80多种造礁珊瑚，是典型的岸礁生态系统。

大洲岛海洋生态自然保护区，位于海南省万宁县，总面积70平方千米，是金丝燕在中国唯一的长年栖息地。

山口红树林生态自然保护区，位于广西壮族自治区合浦县，面积40平方千米，拥有种类较多、面积较广、群落类型齐全的海滩红树林。

① 海岛

海岛是分布在海洋中被水体包围的较小陆地。依据中国国家标准《海洋学术语　海洋地质学》（GB/T18190—2000），海岛指散布于海洋中面积不小于500平方米的小块陆地。中国500平方米以上的海岛有6500个以上，总面积6600多平方千米。

② 沙丘

沙丘通常指小山、沙堆、沙埂或由风的作用形成的其他松散物质。沙丘沙粒的移动有两种方式：一种是沙粒被风刮起，飘移一段距离后再落下；另一种是跳跃的沙粒再一次碰撞地面，并借助冲击力将别的沙粒推向前进。

③ 基因

基因是遗传的物质基础，是DNA或RNA分子上具有遗传信息的特定核苷酸序列。人类大约有几万个基因，储存着生命孕育、生长、凋亡过程的全部信息，通过复制、表达、修复完成生命繁衍、细胞分裂和蛋白质合成等重要生理过程。

55 公海象自杀之谜

▲ 海象

最近，国际野生动物保护组织呼吁，人们必须高度重视野生动物自杀现象，要找到它们自杀的动机，以便有效地制止它们群体自杀……

在最近数年里，每年的夏秋季都会发生公海象"爬"上悬崖集群跳崖自杀的事件。1994年夏天，布里斯托湾遇到大风暴的袭击，有172头公海象坠崖而死。1995年10月，又有一场暴风雨袭击了布里斯托湾，17头公海象丧生崖下。

更奇怪的是，1996年8月底的一个夜晚，月明风和，星光灿烂，但却有成群结队的公海象上了悬崖。两名美国生物学家发现后，立即设法将其中的150头赶回了海滩，但仍有70头跳崖自杀。

对于公海象的自杀行为，许多生物学家均有自己的说法。一些学者认为，在暴风雨袭击期间，这些公海象为了寻找藏身之地而误上悬崖。这种说法虽有一定道理，但却不能解释公海象在暴风雨到达之前就坠崖而亡的现象。还有一些学者认为，公海象群的自杀，是从众效应，一旦公海象中的一只失足落崖，其他公海象就会跟着往下跳。此外，还有逃避"外星人"追捕说。但多数人认为，公海象自杀与海洋污染、海底核试验、海水温度变化以及军舰、潜艇发出的水下噪声和次声波等有关。

① 海象

海象，即海中的大象，它身体庞大，皮厚而多皱，有稀疏的刚毛，眼小，视力欠佳，体长3~4米，重达1300千克左右，长着两枚长长的牙。在高纬度海洋里，除了大鲸之外，海象仅次于象海豹（雄性可重2~3吨），是第三大哺乳动物，有人称它是北半球的"土著"居民。

② 潜艇

潜艇也称潜水艇，是一种既能在水面航行又能潜入水中某一深度进行机动作战的舰艇，是海军的主要舰种之一。潜艇在战斗中的主要作用是：对陆上战略目标实施袭击；攻击大中型水面舰艇和潜艇；消灭运输舰船、破坏敌方海上交通线；布雷、侦察、救援和遣送特种人员登陆等。

③ 噪声

噪声一般是指发声体做无规则振动时发出的声音。从环保的角度上来说，凡是影响人们正常的学习、生活、休息等的一切声音，都称之为噪声。当噪声对人及周围环境造成不良影响时，就形成噪声污染。

56 保护北极熊

北极熊，又名白熊，属于哺乳纲食肉目动物，分布于北极及其附近国家，以冰岛、格陵兰岛、加拿大和俄罗斯北部的一些海岛上居多，是目前世界上最大的熊科动物。

北极熊栖息于北极附近海岸或岛屿地带，独居，常随浮冰漂泊，生性凶猛，行动敏捷，善游泳，潜水也很好，以海豹、鱼、海鸟、腐肉、苔原植物为食。它不怕寒冷，可在冰天雪地的环境里生活，因为它身上的毛很厚。它的体毛有两层：外层是针毛，较粗糙，毛管透明，能把照射到身上的阳光全部吸收。内层是短而密的绒毛，毛与毛之间充盈着空气，可令吸收的热量不散发，并能保持体温，因此北极熊才能抵御北极的寒冷。

北极熊是北极地区的动物之王，没有任何天敌，所以生活起来随心所欲。北极熊的寿命为25～30年，天然繁殖良好，可是由于人类的乱捕滥杀，北极熊的数量急剧下降。由于全球气候变暖，北极浮冰开始融化，北极熊昔日的家园已遭到一定程度的破坏，加上海洋环境恶化，猎物相应减少，所以北极熊不得不面临生存危机。目前，世界上仅有2万只北极熊，其中1万多只生活在加拿大的北部。

保护北极熊是保持海洋生态平衡的一部分，应该引起大家的重视。

▲ 北极熊

① 北极地区

　　北极地区，即北极圈以北的地区，包括北冰洋绝大部分水域，亚、欧、北美三洲大陆北部沿岸和洋中岛屿。北冰洋中有丰富的可作为海鸟和海洋动物食物的鱼类和浮游生物，其周围大部分地区都比较平坦且没有树木生长，夏季温度稍有升高的情况下，植物得以生长，使驯鹿等食草动物和狼、北极熊等食肉动物得以存活。

② 冰岛

　　冰岛共和国是北欧国家，西隔丹麦海峡与格陵兰岛相望，东临挪威海，北临格陵兰海，南界大西洋。今日的冰岛已是一个高度发达国家，首都是雷克雅未克。据冰岛国家统计局最新数据，截止到2008年1月1日，冰岛人口总数为313 376人。

③ 海豹

　　海豹是肉食性海洋动物，它们的身体呈流线型，四肢变为鳍状，适于游泳。海豹有一层较厚的皮下脂肪，不仅可以保暖，还可以提供食物储备、产生浮力。海豹大部分时间栖息在海中，只有脱毛、繁殖时才到陆地或冰块上生活。

57 海底清道夫海牛

　　海牛，即生活在海洋里的"牛"，食草，因为它的胃与陆地上的牛一样，而且有多个胃室进行消化，故名。海牛通常生活在有茂盛海草的海底，尤其是热带海洋里的海藻丰富区。

　　海牛有个称号叫"海底清道夫"，名称的由来是它在海水中以食海草为生。它们的食量很大，一头成年海牛一天能吃45千克海草。海牛吃海草时，像清道夫一样，吃得干净彻底，所经之处，海草被吃得一干二净。在热带海洋水草丛生的地方，利用海牛进行除草是一个既简单又经济的办法。在非洲，刚果（金）政府为了清理刚果河中的水生杂草，花费上百万美元，可是每次在清理十多天后，杂草又再次

▲ 海牛

滋生，甚至比从前更加繁盛。如果利用化学方法除杂草，又会污染水体，甚至影响人类的健康。于是，人们想到了海牛，他们将两只中等大小的海牛放到刚果河中，经过100多天，海牛就清除了长1500米、宽7米的水道上的杂草，既有效又实惠。美国、英国、加拿大等国家的科研工作者还曾召开国际会议，专门研究利用海牛清除水道杂草的问题。

海牛能大量吃草，与它独特的牙齿有关。它的牙齿又宽又平，有很强的再生能力。海牛仅具臼齿，更新方式不是一颗掉了后再重新长出新牙，而是整列牙齿由腭的末端水平地往前移动。

① 海草

海草是指生长于温带、热带近海水下的单子叶高等植物，有发育良好的根状茎（水平方向的茎），叶片柔软，呈带状，花生于叶丛的基部，花蕊高出花瓣，所有这些都是为了适应水生生活环境。在中国北方，沿海渔民常用海草作为建造屋顶的材料。海草具有抗腐蚀、耐用和保暖的特点。

② 臼齿

臼齿通常又称槽齿或者磨牙，是指口腔后方两侧的牙齿，齿冠上有疣状的突起，适合磨碎食物。人类的臼齿，包括智慧齿在内，每一侧上下颌各4～5颗，合计有16～20颗。

③ 刚果河

刚果河为非洲第二长河，干流贯穿刚果盆地，呈一大弧形，向西南注入大西洋，全长4640千米。支流密布，主要有乌班吉河、桑加河、开赛河等。刚果河水力资源丰富，蕴藏量约为1.32亿千瓦，居世界前列。

58 鲸鱼自杀之谜

鲸是生活在海洋中的哺乳动物，是世界上存在的哺乳动物中体型最大的，不属于鱼类。很早以前，人类就注意到一种奇怪的现象，常有单独或成群的鲸鱼冒险游到海边，然后在那里拼命地用尾巴拍打水面，同时发出绝望的嚎叫，最终在退潮时搁浅死亡。

对于鲸鱼自杀的行为，不少科学家都提出了一些看法，但都很难令人信服。有科学家说，鲸鱼单独搁浅是因为回声定位系统出了状况。鲸利用体内的一套声呐系统，借助于声音传播辨别周围环境，当回声定位系统发生紊乱时，它们就会搁浅。

1997年8月，约300头鲸鱼集体自杀。阿根廷学者认为：这是因为当时太阳黑子的强烈活动引起了地磁场异常，从而破坏了洄游鲸鱼的回声定位系统。

美国地质生物学家认为：鲸是顺着磁场的磁力线游动的，而鲸自杀的地点往往是磁场较弱地区，所以它们进入地磁场异常区域就会晕头转向而搁浅。

另外，美国科学家认为：频繁的海军演习和繁忙的海运所发出的噪声干扰了鲸回声定位的辨向功能，最终导致鲸鱼集体自杀的悲剧。

环境污染也被环保主义者和科学家认为是鲸鱼搁浅的原因。科学家们认为，那些污染海水的化学物质可能扰乱了鲸鱼的感觉。

从以上各方面看来，鲸鱼搁浅的原因是多样的，但是很大程度上是由于生态环境的改变，希望大家以后都能注意保护生态，多关注这方面的信息，避免此类悲剧再次发生。

① 声呐

声呐是一种利用声波在水下的传播特性，通过电声转换和信息处理，完成水下探测和通讯任务的电子设备。声呐装置一般由基阵、电子机柜和辅助设备三部分组成，它是水声学中应用最广泛、最重要的一种装置。

② 磁场

磁场是自然界中的基本场之一，是一种看不见而又摸不着的特殊物质，它具有波粒的辐射特性。磁体周围存在磁场，磁体间的相互作用就是以磁场作为媒介的。磁场的基本特征是能对其中的运动电荷施加作用力，即通电导体在磁场中受到磁场的作用力。

③ 太阳黑子

太阳黑子是在太阳的光球层上发生的一种最基本、最明显的太阳活动。太阳黑子实际上是太阳表面一种炽热气体的巨大漩涡，温度大约为4500℃，因为其温度比太阳的光球层表面温度要低1000℃～2000℃，所以看上去像一些深暗色的斑点。

▲ 鲸

59 向大海要淡水

▲ 低温多效蒸馏海水淡化装置

浩瀚的海洋中水资源丰富，在人类淡水资源十分短缺的今天，最好的办法当然是向它"借"点水来用。可惜海水又苦又涩，不能直接做人畜的饮用水，也不能用来灌溉农田。如果海水能够淡化，那该多好。在高度发展的科学技术的帮助下，海水淡化已经变为现实。

所谓海水淡化，就是将海水中的盐分分离以获得淡水。海水淡化的方法有闪蒸法、反渗透法、电渗析法等。

闪蒸法是先将海水送入加热设备，加热到150℃，再送入扩容蒸发器进行降压蒸发处理，使海水变成蒸汽，然后再送入冷凝器冷凝成水，并在水中加入一些对人体有益的矿物质或低盐地下水，这样就得到了人们可以饮用的淡水。这种方法因所使用的设备、管道均用铜镍合金制成，所以成本很高，但可一举两得，既能获得淡水，又能同时带动涡轮机发电。闪蒸法是海水淡化的主要方法，目前在世界各国海水淡化总产量中所占的比例为50%左右。较小的海水淡化工厂一般采用反渗透法，这种方法是用高压使盐水通过一个能过滤掉悬浮物和溶解固体的膜，从而获得淡水。反渗透法在全球海水淡化总产量中所占的比例为1/3。电渗析法则是在有廉价电能供给的情况下采用的一种方法，其建设时间短、投资少，制取淡水的成本也不高，目前也已经为一些国家所采用。

① 合金

合金是由两种或两种以上的金属与非金属经一定方法所合成的具有金属特性的物质，一般通过熔合成均匀液体凝固而成。不同于纯净金属的是，多数合金没有固定的熔点，温度处在熔化温度范围内时，混合物为固液并存状态。

② 涡轮机

涡轮机广泛用作发电、航空、航海等的动力机，是利用流体冲击叶轮转动而产生动力的发动机。可分为汽轮机、燃气轮机和水轮机。它是利用惯性冲力来增加发动机的输出功率，实际上是一种空气压缩机，通过压缩空气来增加进气量。

③ 渗透

当利用半透膜把两种不同浓度的溶液隔开时，浓度较低的溶液中的溶剂（如水）自动地透过半透膜流向浓度较高的溶液，直到化学位平衡为止的现象就叫作渗透。半透膜是一种有选择性的透膜，它只能透过特定的物质，而将其他物质阻隔在另一边。

60 海水淡化王国

　　在海水淡化方面，淡水资源贫乏的沙特阿拉伯已经取得了许多成功经验。早在1928年，为解决吉达市居民的饮水问题，沙特阿拉伯就在当地建了两套蒸馏设备对海水进行淡化处理。此后，随着沙特阿拉伯石油工业的发展和经济的发展，缺水问题日益严重。沙特阿拉伯于20世纪60年代开始大规模进行海水淡化，经过数十年的建设，现已具有相当规模，拥有23个大型现代化海水淡化工厂，日产量23.64亿升，同时发电360万千瓦。海水淡化事业的迅速发展，使沙特阿拉伯登上了"海水淡化王国"的宝座，长期令沙特人苦恼的淡水问题得到了基本解决。

　　海水淡化为一些水源匮乏并且高收入的国家开辟了一条解决淡水缺乏问题的新途径，尤其在中东产油国得到普遍应用。但是由于海水淡化费用太高，特别是用闪蒸法所得到的淡水的价格要比石油价格贵得多，可谓"水贵如油"，因此，海水淡化目前仍不能为大多数地区所接受。然而，随着技术的进步，海水淡化的费用可能大幅度下降。例如：人们在靠近电力设施处建蒸馏厂，利用发电的余热为蒸馏过程提供动力，以减少处理费用。此外，还有人正在研究仿鱼鳃的淡化器，也取得了初步成果。

① 中东缺水的原因

中东大部分地区属于热带沙漠气候，受副热带高压和东北信风带控制，终年炎热干燥，河流稀少，许多国家甚至无河流，加上此地太阳辐射强，蒸发量大，降水少，所以严重缺水。

② 沙特阿拉伯

沙特阿拉伯是名副其实的"石油王国"，石油储量和产量均居世界首位，位于亚洲西南部的阿拉伯半岛，东濒海湾，西临红海，同约旦、伊拉克、科威特、阿联酋、阿曼、也门等国接壤。沙特也是世界上最大的淡化海水生产国，其海水淡化量占世界总量的21%左右。

③ 蒸馏

蒸馏是一种热力学的分离工艺，它是利用混合液体或液—固体系中各组分沸点不同，使低沸点组分蒸发，再冷凝以分离整个组分的单元操作过程，是蒸发和冷凝两种单元操作的联合。与其他的分离手段，如萃取、吸附等相比，它的优点在于不需使用系统组分以外的其他溶剂，从而保证不会引入新的杂质。

▲ 海水淡化厂